Inhaltsverzeichnis

A Funktionen — Seite

1. Abhängigkeiten entstehen 4
2. Der Funktionsbegriff 6
3. Lineare Funktionen 8
4. Lineare Regression 10
5. Funktionsscharen 12
6. Betragsfunktionen 13
7. Potenzfunktionen 15
8. Ganzrationale Funktionen Zusammensetzung ... 16
9. pq-Formel und Mitternachtsformel 18
10. Polynomdivision 20
11. Substitutionsverfahren 21
12. Nullstellen ganzrationaler Funktionen 22

B Differenzialrechnung

1. Änderungsrate 24
2. Ableitung mit Differenzenquotient 26
3. Tangente und Normale 28
4. Ableitungsfunktion 30
5. Potenzfunktionen ableiten 32
6. Ableitungsregeln und Höhere Ableitungen 34
7. Trigonometrische Funktionen 36
8. Trigonometrische Funktionen ableiten 38
9. Schnittwinkel von Graphen 40

C Diskussion von Funktionen

1. Monotonie 42
2. Lokale Extremwerte 44
3. Wende- und Sattelpunkt 46
4. Funktionsdiskussion 48
5. Extremwertprobleme 50
6. Funktionssynthese (Steckbriefaufgabe) 52

D Folgen, Reihen und Grenzwerte

1. Arithmetische Folgen 54
2. Geometrische Folgen 56
3. Arithmetische Reihen 58
4. Geometrische Reihen 59
5. Eigenschaften von Folgen 60
6. Grenzwerte von Folgen 62
7. Grenzwerte von Reihen 64
8. Grenzwertsätze 66
9. Grenzwerte bei Funktionen für bestimmte X-Werte ... 68

A Funktionen

1 Abhängigkeiten entstehen

Stehen zwei Größen zueinander in Abhängigkeit (z. B. je größer die Kante a, desto größer der Flächeninhalt eines Quadrats, da gilt $A_{Quader} = a^2$), so lassen sich die Ergebnisse in Tabellen zusammenfassen und durch Graphen sichtbar machen. Die Darstellung mit Graphen ermöglicht es dem Betrachter, Werte abzulesen, den Verlauf der Datenpaare zu analysieren und Vermutungen zu weiteren Verläufen anzustellen. Häufig lassen sich Abhängigkeiten auch in einer Gleichung, so wie beim Flächeninhalt des Quaders, darstellen.

Die folgende Wertetabelle gibt die Durchschnittstemperaturen in Abhängigkeit der Monate in Vieux-Boucau (Südfrankreich) an.

Monat	Jan	Feb	Mär	Apr	Mai	Jun	Jul	Aug	Sep	Okt	Nov	Dez
°C	7	8	11	12	16	18	24	26	23	15	10	7

Veranschauliche die Werte mit Hilfe eines Graphen und interpretiere sie.

Aus der Wertetabelle kann folgender Graph gebildet werden:

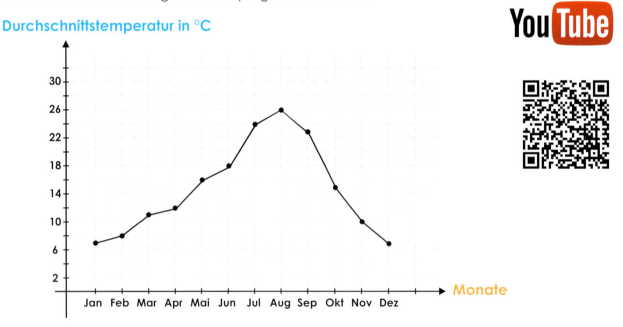

Die erste Zeile der Wertetabelle (x - Werte) wird auf der Abszisse (x - Achse) und die zweite Zeile der Wertetabelle (y - Werte) wird auf der Ordinate (y - Achse) abgetragen.

Am Graphen ist eindeutig zu erkennen, dass im Sommer Durchschnittstemperaturen von 23 °C bis 26 °C erreicht werden. Am höchsten ist die Temperatur im August. Die niedrigsten Temperaturen herrschen im Januar und Dezember mit durchschnittlich 7 °C.

Anhand eines Graphen können direkt bestimmte Größen abgelesen werden. Hier zum Beispiel die maximale und minimale Durchschnittstemperatur. Mit dem Verlauf können viele Sachfragen beantwortet werden.

Übungen

  1.

Die Anzahl an Strandbesuchern entwickelt sich über den Tag wie folgt:

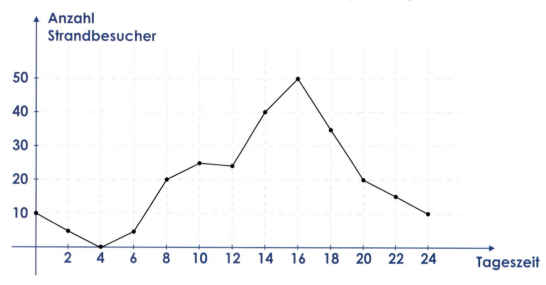

a) Beschreibe den allgemeinen Verlauf des Graphen! Wie sind die Punkte auf den Achsen zu interpretieren? Wann waren die meisten Personen am Strand?

b) Zwischen welchen Uhrzeiten (die 2 Stunden auseinander liegen) kamen am meisten Strandbesucher hinzu? Wann gehen die meisten Personen wieder weg?

c) Erstelle eine Wertetabelle!

  2.

Für die Produktion von Surfbrettern entstehen Gesamtkosten von
K(x) = 15x + 200. Ein Surfbrett wird für 20 € verkauft. Dabei gilt: x in Mengeneinheiten und K(x) in €.

a) Bestimme eine Abhängigkeit für die Einnahmen E(x) in €.

b) Erstelle eine Wertetabelle für die Kosten und Einnahmen.

c) Zeichne die Graphen für K(x) und E(x) in ein gemeinsames Koordinatensystem.

d) Bei welchen Ausbringungsmengen werden Gewinne realisiert? Erstelle die Gewinnfunktion.

A Funktionen
2 Der Funktionsbegriff

Eine Zuordnung, bei der jedem x-Wert genau ein y-Wert zugeordnet ist, wird als Funktion bezeichnet. Eine Funktion darf weder Lücken noch Sprünge enthalten. Ist dies bei einem Graphen der Fall, so müssen abschnittsweise Funktionen bestimmt werden. Dies schreibt man als:

geschlossenes Intervall:	[a;b]	für $a \leq x \leq b$
offenes Intervall:	(a;b)	für $a < x < b$
linksoffenes Intervall:	(a;b]	für $a < x \leq b$
rechtsoffenes Intervall:	[a;b)	für $a \leq x < b$

Für Funktionsgleichungen gibt es verschiedene Schreibweisen.

$f(x) = x^2$ oder $f = x^2$ oder $f: x \mapsto x^2$

Für Funktionen mit Definitionslücken (z.B. Funktionen mit negativem Exponenten bzw. Wurzelfunktionen) muss weiterhin die Definitionsmenge D angegeben werden.

Zusätzlich gibt man manchmal die Wertemenge W einer Funktion an. Diese zeigt ein Intervall bestehend aus dem minimalen und maximalen y-Wert.

Stelle die Funktionsgleichungen der einzelnen Abschnitte dar. Gib zusätzlich die Wertemengen aller Funktionen an.

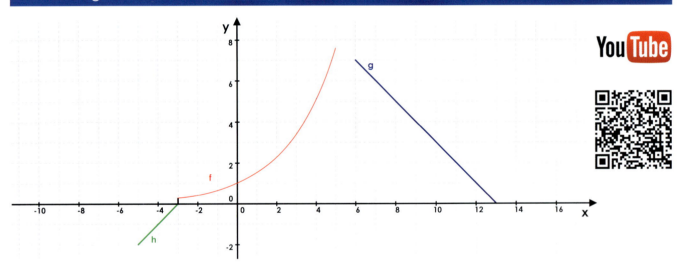

Bei diesem Graphen erkennt man schnell, dass es sich nicht um eine durchgehende Funktionsgleichung handeln kann. Zum einen ist an der Stelle x = -3 ein Sprung erkennbar und zwischen 5 < x < 6 ist keine Funktion vorhanden. Die einzelnen Teilfunktionen, die bereits mit den verschiedenen Farben markiert sind, können jedoch bestimmt werden. Die Funktionsgleichungen der einzelnen Abschnitte kannst du mit Hilfe der allgemeinen Gleichung und zwei Punkten bestimmen.

Grün → linear: h(x) = ax + b mit den Punkten (-5 | -2) und (-3 | 0) ergibt sich h(x) zu: h(x) = x + 3
Blau → linear: g(x) = ax + b mit den Punkten (6 ; 7) und (13 ; 0) ergibt sich g(x) zu: g(x) = -x + 13
Rot → exponentiell: $f(x) = b \cdot a^x$ mit den Punkten (0 ; 1) und (1 ; 1,5) ergibt sich h(x) zu: $f(x) = 1,5^x$

Alle diese Funktionen gelten hier jedoch nur in bestimmten Wertebereichen von x. Die grüne Funktion gilt von x = -5 bis x = -3. Die rote Funktion gilt von x = -3 bis x = 5. Darauf folgt eine Lücke bis x = 6. Von dort bis x = 13 gilt die blaue Funktion. Das Ganze kann nun geschrieben werden als:

h(x) = x + 3   [-5;-3) $-5 \leq x < -3$
$f(x) = 1,5^x$ (-3;5] $-3 < x \leq 5$
g(x) = -x + 13   [6;13] $6 \leq x \leq 13$

Ob es sich um ein geschlossenes Intervall bzw. offenes Intervall handelt, kann mit Hilfe des Graphen nicht eindeutig erkannt werden. Es muss allerdings darauf geachtet werden, dass ein x-Wert nicht doppelt belegt ist. Einem x-Wert darf nur ein y-Wert zugeordnet werden. In diesem Fall wurde x = -3 offengelassen.

Als letztes wird zu jeder Funktion die Wertemenge W bestimmt. Dafür musst du den Minimal- und Maximalwert der Funktion erkennen. Kann der Wert nicht abgelesen werden, so bestimmt man ihn mit Hilfe der Funktionsgleichung. Zum Beispiel:

$f(-3) = 1{,}5^{-3} \approx 0{,}3$ $\qquad$ $f(5) = 1{,}5^{5} \approx 7{,}6$

Damit ergeben sich die folgenden Wertemengen:

$W_h = [-2; 0]$ $\qquad$ $W_f = [0{,}3; 7{,}6]$ $\qquad$ $W_g = [0; 7]$

Wenn ein Graph Sprünge bzw. Lücken besitzt, so kann man abschnittsweise Funktionsgleichungen definieren. Dabei muss zu jeder Funktion das Intervall angegeben werden, in dem sie gültig ist.

Übungen

 1.

Gib die maximale Definitionsmenge an.

a) $f(x) = \dfrac{3x}{4x - 5}$ $\qquad$ b) $f : x \to 4\sqrt{32 - 16x^2}$ $\qquad$ c) $f : x \to \dfrac{7x^2}{3x^2 + 9}$ $\qquad$ d) $f(x) = 17x^2 - \dfrac{19}{4}x$

 2.

Bestimme die maximalen Wertemengen der verschiedenen Funktionen.

a) $f(x) = 2^x + 3x^2$ mit $-8 \le x \le 3$

b) $f(x) = \dfrac{24x^3}{3x^2 + 4x^4}$ mit $-3 \le x \le 9$

c) $f(x) = 3\sqrt{18 - 9x^2}$ mit $-7 \le x \le 16$

3.

Stelle die Funktionsgleichungen der einzelnen Funktionen mit ihrem gegebenen Intervall auf. Bestimme zusätzlich den Wertebereich der Funktionen.

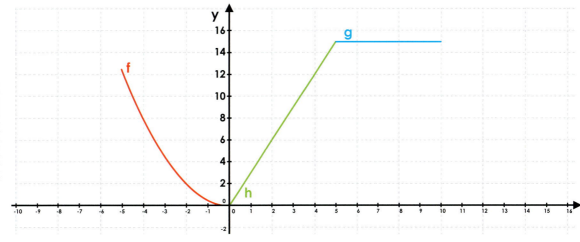

A Funktionen — 3 Lineare Funktionen

Funktionen mit der Zuordnungsvorschrift f: x → mx + b bzw. mit der Funktionsgleichung f(x) = mx + b nennt man lineare Funktionen. Dabei ist b der y-Achsenabschnitt und m die Steigung oder auch Änderungsrate der Geraden.

Jede Gerade kann mit Hilfe von zwei Punkten eindeutig bestimmt werden. Dafür müssen beide Punkte in die Funktionsgleichung eingesetzt werden.

$y_Q = m x_Q + b$ und $y_P = m x_P + b$

Ist m bereits bestimmt, können beide Gleichungen für sich gelöst werden. Ist dies nicht der Fall, so kann das Gleichungssystem mit einem beliebigen Verfahren gelöst werden.

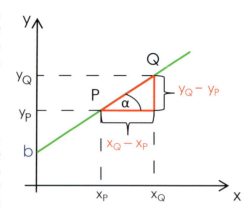

Winkelbeziehung Tangens:

$$m = \tan(\alpha) = \frac{y_Q - y_P}{x_Q - x_P}$$

Der Benzinverbrauch eines Autos kann vereinfacht mit einer Geraden beschrieben werden. Es sind zwei verschiedene Angaben gegeben. Bei einer Geschwindigkeit von 30 km/h soll ein Verbrauch von 3 Liter pro 100 km vorliegen. Bei 170 km/h soll er bei 10 Liter pro 100 km liegen. Bestimme die Funktionsgleichung und zeichne anschließend den Graphen.

In der Aufgabenstellung ist bereits gegeben, dass es sich bei der Zuordnung um eine lineare Funktion handelt. Deshalb kann als Erstes die allgemeine Funktionsgleichung aufgestellt werden: f(x) = mx + b

In diesem Beispiel soll der Kraftstoffverbrauch f(x) in [l/100km] als Funktion der Geschwindigkeit x in [km/h] aufgestellt werden. Dafür sind zwei Verbräuche zu einer bestimmten Geschwindigkeit gegeben. P(30 ; 3) und Q(170 ; 10)

Variante 1:
Diese beiden Punkte können in die allgemeine Funktionsgleichung eingesetzt werden. Daraus entstehen zwei Gleichungen, die gleichzeitig gelten müssen.
(I)   3 = m · 30 + b   und   (II)   10 = m · 170 + b

Da es sich bei diesen beiden Gleichungen nun um ein Gleichungssystem handelt, kann zum Beispiel das Einsetzungsverfahren verwendet werden. Man stellt die erste Gleichung nach b frei.
b = 3 - m · 30

Anschließend wird b in Gleichung (II) eingesetzt.
(II)   10 = m · 170 + 3 - m · 30

Jetzt muss diese Gleichung lediglich nach m freigestellt werden.

⇒ 7 = m · 140   → $m = \frac{1}{20} = 0{,}05$

Mit Gleichung (I) oder (II) kann dann b durch Einsetzen bestimmt werden.
In beiden Fällen folgt b = 1,5.

Variante 2:
Die Steigung bzw. Änderungsrate m kannst du direkt mit der Gleichung

$m = \frac{y_Q - y_P}{x_Q - x_P} = \frac{10 - 3}{170 - 30} = \frac{1}{20} = 0{,}05$ bestimmen.

Diese Änderungsrate kann nun direkt in Gleichung (I) oder (II) eingesetzt werden. Dadurch ergibt sich b= 1,5 und die Funktionsgleichung ist vollständig aufgestellt. Beide Varianten können zur Bestimmung der Funktionsgleichung benutzt werden. Für andere Funktionsarten sollte Variante 1 jedoch in Erinnerung bleiben. Der Graph kann nun mit Hilfe der Funktionsgleichung erstellt werden.

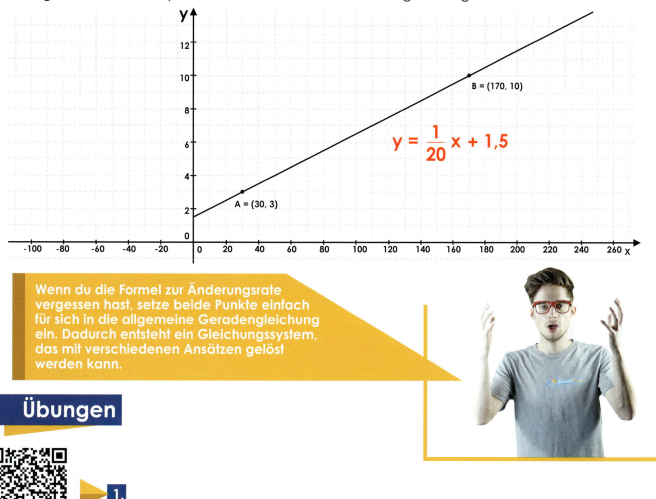

Wenn du die Formel zur Änderungsrate vergessen hast, setze beide Punkte einfach für sich in die allgemeine Geradengleichung ein. Dadurch entsteht ein Gleichungssystem, das mit verschiedenen Ansätzen gelöst werden kann.

Übungen

1. Bestimme mit Hilfe der Punkte P(-4; 2) und Q(8; 12) die Geradengleichung der linearen Funktion.

2. Erstelle die Geradengleichung im gezeigten Intervall.

3. Bestimme den Steigungswinkel der Geraden $f(x) = -2{,}4x + 17{,}5$.

A Funktionen — 4 Lineare Regression

Werden Messwerte zu einem linearen Zusammenhang aufgenommen, so kommt es meist vor, dass diese Werte keine ideale Gerade darstellen. Die Messwerte weichen von einer Geraden leicht ab. Mit Hilfe einer Regressionsgeraden kann der lineare Zusammenhang dennoch dargestellt werden. Die Regression summiert die Abweichungen (zum Quadrat) der Messwerte und stellt so eine Gerade dar, die dem Verlauf der Punkte am besten entspricht, indem die Abweichungen minimal sind.

Im Sommer wird der Temperaturanstieg stündlich von 6 bis 15 Uhr gemessen. Dabei entstehen folgende Messwerte:

Uhrzeit [h]	6	7	8	9	10	11	12	13	14	15
Temperatur [°C]	20	19,2	23,1	25	24,2	25,7	27	31	30	33,5

Erstelle die Regressionsgerade zu den Messwerten. Wie groß ist die Temperaturzunahme pro Stunde?

Als Erstes sollten die Messwerte in einem Graphen dargestellt werden:

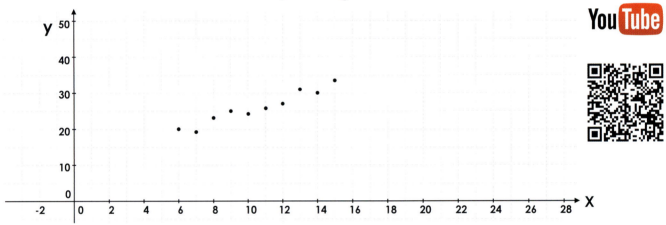

Dabei ist bereits zu erkennen, dass die Messwerte beinahe auf einer Geraden liegen könnten. Mit Hilfe des Taschenrechners kann eine Regressionsgerade meist direkt erstellt werden. Hier zeichnen wir per Hand eine Funktionsgerade, die ungefähr den Verlauf der Messwerte darstellt. Nun wählen wir zwei Punkte auf unserer gezeichneten Geraden und bestimmen daraus eine Funktionsgleichung.

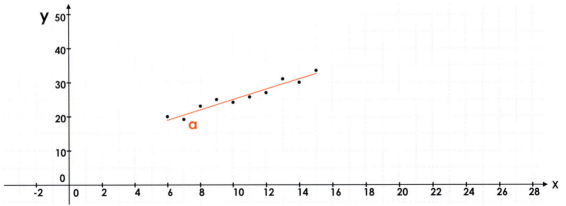

Zum Beispiel: (10; 25) und (13,5; 30)

(I) $25 = 10m + b$ und   (II) $30 = 13,5m + b$

Aus (II) − (I) folgt $m = \dfrac{10}{7}$

Einsetzen in (I) oder (II) $\Rightarrow b = \dfrac{75}{7}$

Die Gleichung der Regressionsgeraden lautet also:
$$y = \frac{10}{7}x + \frac{75}{7}$$

Wird die Gleichung mit einem Taschenrechner berechnet und angegeben, kann es durchaus sein, dass diese Werte abweichen.

Die stündliche Temperaturzunahme entspricht der Änderungsrate. Pro Stunde steigt die Temperatur um $\frac{10}{7} \approx 1{,}43\,°C$

Stehen für einen Zusammenhang Messwerte zur Verfügung, so muss zu diesen Messwerten eine Regression gebildet werden, damit sich eine Funktionsgleichung zur weiteren Auswertung ergibt.

Übungen

Ermittle zu folgenden Messwerten die Regressionsgeraden. Erstelle dafür jeweils zunächst den Graphen und bilde eine grafische Lösung. Vergleiche diese dann mit der Regressionsgeraden aus dem Taschenrechner.

x	-7	-6	-5	-4	-3	-2	-1	0	1	2
y	270	259	261	248	239	231	218	217	209	200

x	17	18	19	20	21	22	23	24	25	26
y	17	16,5	16,1	15,4	15	14,3	14,4	13,8	12,9	12,5

Während einer Messung sind Messfehler aufgetreten. Diese sollen vernachlässigt werden, da sie nicht dem linearen Verlauf der Messkette entsprechen. Bestimme zunächst die Regression mit den Messfehlern und dann ohne. Vergleiche beide Ergebnisse.

x	1	2	3	4	5	6	7	8	9	10
y	7	9,4	18,8	14,2	16,2	9,7	20	22,5	24,7	27,3

3.

Führe die lineare Regression für die folgenden Punkte exakt per Hand aus.

x	1	2	3	4
y	5	8	6	4

$$m = \frac{n\sum_i x_i y_i - \sum_i x_i \sum_i y_i}{n\sum_i x_i^2 - (\sum_i x_i)^2}$$

$$b = \frac{\sum_i x_i^2 \sum_i y_i - \sum_i x_i \sum_i x_i y_i}{n\sum_i x_i^2 - (\sum_i x_i)^2}$$

A Funktionen — 5 Funktionsscharen

Soll der Einfluss von bestimmten Parametern einer Funktion untersucht werden, so erstellt man am besten eine Funktionsschar. Dabei wird ein Parameter gezielt verändert, um die Auswirkungen auf den Graphen sichtbar zu machen.

Erstelle eine lineare Funktionsschar der Geradengleichung y = mx + 6. Stelle die Steigungen in Einerschritten im Bereich -4 ≤ m ≤ 4 dar.

Die Funktionsschar stellt alle neun Geraden dar:

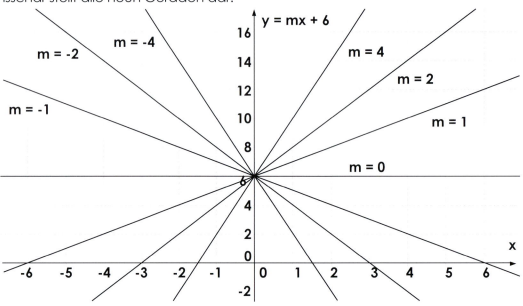

Die Geraden haben den erwarteten Verlauf. Alle schneiden sich im y-Achsenabschnitt (0 ; 6).

Eine Funktionsschar bietet die Möglichkeit eine Abhängigkeit von einem Parameter graphisch zu untersuchen.

Übungen

 1.

Untersuche die Funktion $y = \dfrac{a(x-b)^2}{c-3}$ mit Hilfe von Funktionsscharen. Erstelle für die Parameter a,b,c jeweils eine Schar. Die Parameter sollen in Einerschritten von -5 bis 5 variieren. Wird ein Parameter betrachtet, so sollen die anderen beiden konstant als 1 angenommen werden.

Funktionen  **Betragsfunktionen**

Die Standardform einer Betragsfunktion ist f(x) =|x|. Sie ist immer achsensymmetrisch. Für eine Betragsfunktion der Form: f(x) = |x - a| liegt die Symmetrieachse parallel zur y-Achse bei x = a. Betragsfunktionen können mit Hilfe von Geraden dargestellt werden. Dafür muss die Betragsfunktion in zwei Intervalle unterteilt werden:

f(x) = |x − a| unterteilen in
f(x) = (−1) · (x − a)   x < a
f(x) = x − a   x ≥ a

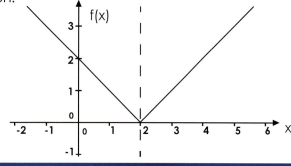

Betrachte die Eigenschaften der Funktion f(x) = -2|x - 6| + 5. Stelle sie dafür als Funktion ohne Betragsstriche mit Hilfe von Teilintervallen dar und veranschauliche sie dir auch grafisch.

Wie bei jeder Funktion, können bei Betragsfunktionen bestimmte Eigenschaften anhand der Funktionsgleichung abgelesen werden. Die Funktion hat eine Steigung von |-2|. An der Stelle x = 6 liegt ein charakteristischer Punkt vor.
Sowohl der Vorfaktor -2, als auch der konstante Term +5 bleiben in beiden Geradengleichungen erhalten. Damit ergeben sich für die gegebene Betragsfunktion folgende Geradengleichungen.

f(x) = -2|x - 6| + 5   a = 6
f(x) = (−1) · (-2) · (x-6) + 5   x < 6
f(x) = -2 (x - 6) + 5   x ≥ 6

Diese beiden Gleichungen können nun graphisch dargestellt werden.

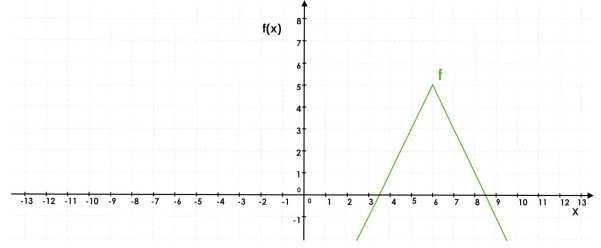

Eine Betragsfunktion ist immer achsensymmetrisch. Sie lässt sich durch zwei Geradengleichungen darstellen, die jeweils abschnittsweise gelten.

Übungen

1.

Schreibe die folgenden Betragsfunktionen abschnittsweise als Geradengleichungen.

a) -5 |x + 2| -4

b) 12,5 |x - 7,12| + 17

c) -2,2 |17 - x| -2,7

2.

Erstelle eine Betragsfunktion, welche ihren charakteristischen Punkt bei x = 4, eine Steigung von +5 vor diesem Punkt und einen Funktionswert von +7 an diesem Punkt besitzt.

3.

Gib sowohl die Betragsfunktion als auch die Geradengleichungen für die Funktion an:

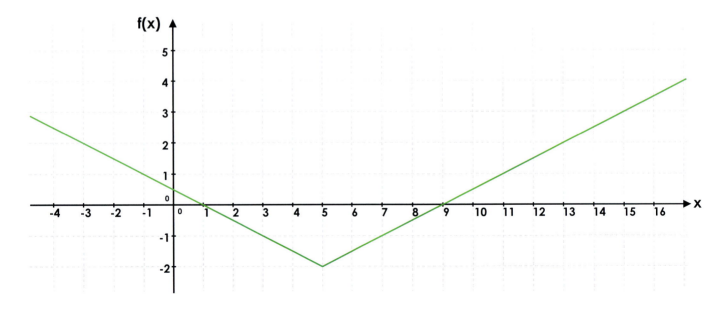

A — Funktionen — 7 Potenzfunktionen

Bei Funktionen, deren Variable x mit einem Exponenten n versehen ist, spricht man von Potenzfunktionen. Allgemein schreibt man: **f(x) = x^n**

Dabei hängt das Verhalten der Funktion vom Exponenten ab. Die Abhängigkeiten werden in der folgenden Tabelle aufgeführt.

Exponent	Funktion	Verhalten
Gerade und Positiv	Parabel	Achsensymmetrisch & Scheitelpunkt
Ungerade und Positiv	Kubisch	Punktsymmetrisch & Wendepunkt
Gerade und Negativ	Hyperbel	Achsensymmetrisch & Polstelle
Ungerade und Negativ	Hyperbel	Punktsymmetrisch & Polstelle
Positiv kleiner 1	Wurzel	Gespiegelte Potenzfunktion an y = x

Jede Potenzfunktion kann mit Hilfe der „Scheitelpunktform" verschoben werden. Bei jeder Funktion verschiebt sich der für die Funktion charakteristische Punkt. **f(x) = a (x − u)^n + v**

Um welche Typen von Funktionen handelt es sich bei den folgenden Graphen?

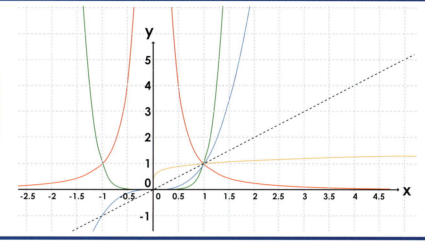

Bei allen Kurven kann man sich das globale Verhalten anschauen.

Als Erstes fällt bei der roten Funktion auf, dass eine Polstelle an der Stelle x = 0 entsteht. Deshalb muss es sich um eine Hyperbel handeln. Außerdem ist diese Funktion achsensymmetrisch, weshalb ein gerader Exponent vorhanden sein muss. Also ist es z.B. eine Funktion der Form: x^{-2} x^{-4} x^{-6}...

Die grüne Funktion ist eine Parabel, da sie achsensymmetrisch ist und ihren Scheitelpunkt bei (0 ; 0) besitzt. Ein sehr flacher Verlauf in der Nähe des Scheitelpunkts lässt auf einen höheren Exponenten schließen: x^4 x^6 x^8...

Der Verlauf der blauen Kurve ist punktsymmetrisch. Da zusätzlich ein Wendepunkt (im Speziellen ein Sattelpunkt) vorliegt, handelt es sich um eine Funktion mit ungeraden, positiven Exponenten: x^3 x^5 x^7...

Bei der gelben Funktion handelt es sich um eine Wurzelfunktion. Sie ist eine Spiegelung zur grünen Kurve an der Geraden y = x

Beispiel: $x^{1/4}$ $x^{1/6}$ $x^{1/8}$ ...bzw. $\sqrt[4]{x}$ $\sqrt[6]{x}$ $\sqrt[8]{x}$

Schaue dir den Verlauf der Kurven für große x-Werte an, damit du das globale Verhalten besser sehen kannst.

Übungen

1. Erstelle die Funktionsgleichung einer punktsymmetrischen Funktion, die ihre Polstelle bei x = −5 besitzt und sich asymptotisch der 12 nähert. Skizziere anschließend ihren Verlauf.

2. Erstelle die Funktionsgleichung einer punktsymmetrischen Funktion, die ihren Sattelpunkt bei (5 ; −7) besitzt.

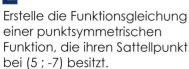

3. Bezeichne die folgenden Funktionen und beschreibe zwei Eigenschaften die sie besitzen.

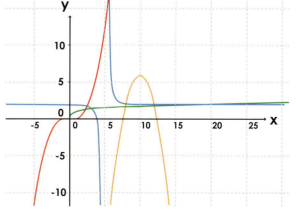

A Funktionen — 8 Ganzrationale Funktionen Zusammensetzung

Ganzrationale Funktionen werden auch als Polynome vom Grad n bezeichnet. Polynome sind Funktionen, die allgemein folgenden Aufbau haben:

$f(x) = a_n x^n + a_{n-1} x^{n-1} + \ldots + a_1 x + a_0$

Der Grad entspricht dabei dem höchsten Exponenten n. Die Zahlen $a_n \ldots a_0$ sind Koeffizienten. Beispiel für ein Polynom 5. Grades:

$f(x) = 4x^5 - 2x^4 + 0{,}3x^3 + x^2 + 3x - 5{,}3$

Abgesehen vom Grenzverhalten, lässt das Polynom auch Aussagen über den sonstigen Verlauf zu:

- eine Funktion vom Grad n hat maximal n Nullstellen und insgesamt maximal n -1 Hoch- bzw. Tiefpunkte
- hat das Polynom nur gerade Exponenten ist es achsensymmetrisch zur y-Achse
- hat das Polynom nur ungerade Exponenten ist es punktsymmetrisch zum Koordinatenursprung,
- liegt kein konstanter Term vor (kein a_0), schneidet die Funktion die x-Achse bei x = 0

Erstelle mit deinem Taschenrechner den Funktionsgraphen zu der Funktion
$f(x) = 0{,}4x^4 - 0{,}6x^3 - 0{,}8x^2 + x$
skizziere den Verlauf und überprüfe, welche der Aussagen über Polynome zutreffen. Wiederhole dies für das Polynom 3. und 2. Grades, indem du jeweils den Term des höheren Grades entfernst.

Wähle in deinem Taschenrechner einen Ausschnitt des Graph-Plotters, in dem die Nullstellen des Polynoms 4. Grades zu erkennen sind. Beim Skizzieren wirst du feststellen, dass genau 4 Nullstellen vorliegen (durch Pfeile gekennzeichnet). Außerdem lassen sich zwei Tiefpunkte sowie ein Hochpunkt erkennen, in Summe also 3 (entspricht n – 1). Da nicht nur gerade Exponenten vorliegen, ist die Funktion nicht achsensymmetrisch, hat jedoch eine Nullstelle bei x = 0, da es keinen konstanten Term gibt.

Die Funktion 3. Grades lautet: $f(x) = -0{,}6x^3 - 0{,}8x^2 + x$. Hier sind entsprechend des Grades genau drei Nullstellen zu sehen. Zudem sieht man einen Hoch- und einen

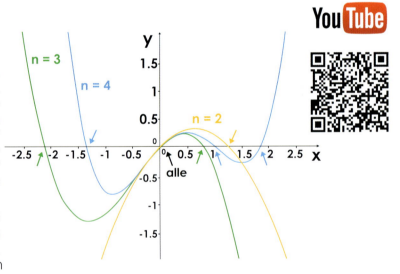

Tiefpunkt, also n - 1 = 3 - 1 = 2 Extremstellen. Aufgrund des zweiten Glieds (x^2) liegt keine Punktsymmetrie vor, jedoch befindet sich eine Nullstelle bei x = 0 und schneidet dort somit die x- Achse.

Das Polynom 2. Grades entspricht einer gewöhnlichen Parabel mit der Funktionsgleichung $f(x) = -0{,}8x^2 + x$. Auch hier gilt die Regel, dass der Grad die maximale Anzahl von zwei Nullstellen und genau einer Extremstelle festlegt. Die Parabel befindet sich nicht symmetrisch zur y-Achse. Und wie bei allen Polynomen, ohne konstanten Term, liegt auch hier eine Nullstelle bei x = 0 vor, denn $0^n = 0$.

> Wenn du die wesentlichen Merkmale der Polynome verinnerlichst, kannst du dir bereits aus der Funktionsgleichung den groben Verlauf des Graphen vorstellen. An dem Beispiel bekommst du ein Gefühl für das Zusammenspiel der Teilterme.

Übungen

Beschreibe für alle Funktionen das Symmetrieverhalten, das Grenzverhalten, die Anzahl möglicher Nullstellen sowie Hoch- und Tiefpunkte und den Schnittpunkt mit der y-Achse.

a) $f(x) = 3x^4 - 0{,}5x^2 + 4x + 2$
b) $f(x) = x^5 - 6x^2 + 3x^6$
c) $f(x) = 7x(x-2)(x+1)^3(x^2-9) - 8$

Betrachte die Funktion $f(x) = 0{,}4x^4 - 0{,}6x^3 - 0{,}8x^2 + x$ aus dem Beispiel ein weiteres Mal. In diesem Fall entfernst du schrittweise den Term mit dem niedrigsten Grad und untersuchst das Verhalten der Polynome.

Erstelle ein Polynom mit folgenden Eigenschaften:

- $f(x=0) = -3$
- achsensymmetrisch
- $f(x \to -\infty) = -\infty$ und $f(x \to +\infty) = -\infty$
- mindestens 4 Hoch- oder Tiefpunkte

A Funktionen — 9 p-q-Formel und Mitternachtsformel

Für das Lösen von Gleichungen mit x^1 genügt es, einige Rechenschritte so anzuwenden, dass nach x freigestellt wird. Sucht man also die Nullstelle der Funktion f(x) = -2x + 4, so muss man lediglich -2x + 4 = 0 setzen. Nun subtrahiert man auf beiden Seiten mit -4, woraus sich -2x = -4 ergibt. Um das x endgültig freizustellen muss noch auf beiden Seiten des Gleichheitszeichens durch den Faktor vor dem x geteilt werden: Also geteilt durch -2. Daraus folgt x = 2.

Bei Gleichungen mit x^2 ist dies leider nicht so einfach, weil sie häufig 2 Lösungen besitzen und durch das Quadrat im Exponenten des x deutlich an Komplexität zunehmen.
Gleichungen der Form $x^2 + px + q = 0$ (dies ist eine besondere Form, weil eine 1 vor dem x^2 steht) löst man am besten mit der p-q-Formel:
$$x_{1/2} = -\frac{p}{2} \pm \sqrt{\left(\frac{p}{2}\right)^2 - q}$$

Gleichungen der Form $ax^2 + bx + c = 0$ stellt man entweder in die p-q-Form von oben um und löst sie dann mit der p-q-Formel oder man löst sie direkt mit der Mitternachtsformel: $x_{1/2} = \dfrac{-b \pm \sqrt{b^2 - 4ac}}{2a}$

Berechne die Nullstellen der Funktion f(x) = 3x³ + 6x² - 24x.

Die Bedingung für Nullstellen lautet f(x) = 0. Somit starten wir mit folgender Gleichung:
3x³ + 6x² - 24x = 0

Die Frage ist, für welches x die linke Seite des Gleichheitszeichens Null ergibt. Klammern wir ein x aus, ergibt sich x · (3x² + 6x - 24) = 0. Dies geht nur, wenn jeder Summand der Gleichung mindestens ein x enthält. Nun können wir die erste Lösung direkt ablesen: $x_{0;1} = 0$. Wird also der Faktor vor der Klammer Null, wird alles Null. Die andere Möglichkeit, wie die linke Seite des Gleichheitszeichens Null wird, ist die Klammer gleich Null zu setzen: 3x² + 6x - 24 = 0.

1. Lösungsmöglichkeit: p-q-Formel

$3x^2 + 6x - 24 = 0 \quad | :3$

$x^2 + 2x - 8 = 0$

mit $x_{0;2/3} = -\dfrac{p}{2} \pm \sqrt{\left(\dfrac{p}{2}\right)^2 - q}$ und $p = +2 \; und \; q = -8$

folgt $x_{0;2/3} = -\dfrac{2}{2} \pm \sqrt{\left(\dfrac{2}{2}\right)^2 - (-8)} \Leftrightarrow x_{0;2/3} = -1 \pm \sqrt{9}$

$\Leftrightarrow x_{0;2/3} = -1 \pm 3 \quad \Leftrightarrow \quad x_{0;2} = 2 \quad und \quad x_{0;3} = -4$

2. Lösungsmöglichkeit: Mitternachtsformel

3x² + 6x - 24 = 0

mit $x_{0;2/3} = \dfrac{-b \pm \sqrt{b^2 - 4ac}}{2a}$ und $a = +3 \; und \; b = +6 \; und \; c = -24$

folgt $x_{0;2/3} = \dfrac{-6 \pm \sqrt{6^2 - 4 \cdot 3 \cdot (-24)}}{2 \cdot 3} \Leftrightarrow x_{0;2/3} = \dfrac{-6 \pm 18}{6} \Leftrightarrow x_{0;2/3} = -1 \pm 3$

$x_{0;2} = 2$ und $x_{0;3} = -4$

> Beide Lösungswege sind möglich, aber ich mag die p-q-Formel lieber.

Übungen

Bestimme mit Hilfe der p-q- sowie der Mitternachtsformel die Lösungsmenge zu folgender Gleichung: $-12 - 8x = -4x^2$

Möchte man die Nullstellen einer quadratischen Funktion (Parabel) bestimmen, muss man sich immer merken, dass es entweder zwei, eine doppelte oder keine Nullstelle gibt (je nach Diskriminante). Hierzu drei Übungen, die dies verdeutlichen:

a) $f(x) = 2x^2 - 8x + 10$ b) $g(x) = 3x^2 + 12x + 12$ c) $h(x) = \frac{1}{2}x^3 - x^2 - \frac{3}{2}x$

3.

Erstelle eine Funktionsgleichung, die drei Nullstellen aufweist: $x_{0;1} = 0 \land x_{0;2} = -3 \land x_{0;2} = 7$.
Stelle diese grafisch dar.

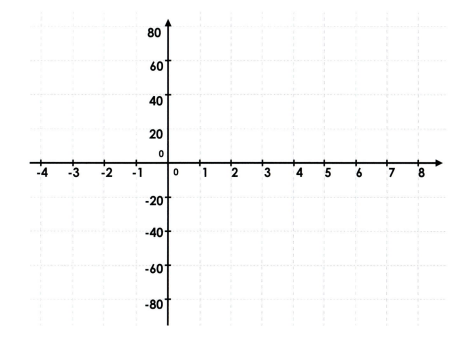

Erkläre den Unterschied zwischen p-q-Formel und Mitternachtsformel.

A Funktionen — 10 Polynomdivision

Möchte man eine Gleichung lösen, die über einen Grad 3 oder höher verfügt, so kann man die Polynomdivision anwenden. „Grad 3" bedeutet dabei, dass das x mit dem höchsten Exponenten eine 3 im Exponenten aufweist. Bei der Polynomdivision dividiert man quasi ein Lösungselement (z.B. Nullstelle) aus der Gleichung heraus. Somit verringert sich die Gleichung nach jeder Polynomdivision um einen Grad.

Berechne die Nullstellen der Funktion $f(x) = 3x^3 - 10x^2 + 7x - 12$.

Die einzige Schwierigkeit bei der Anwendung der Polynomdivision besteht darin, die erste Nullstelle (das erste Lösungselement) zu schätzen. Dabei setzt man die Zahlen 0, 1, 2, 3, -1, -2 und -3 in die Funktionsgleichung ein und schaut, ob dabei ein Funktionswert von Null herauskommt. Tatsächlich ist dies hier der Fall für $x_{0;1} = 3$.

Nun setzt man **(Funktionsgleichung) : $(x - x_0)$ = ?**
Also: $(3x^3 - 10x^2 + 7x - 12) : (x - 3) = ?$
Jetzt stellt man sich die Frage: „Womit muss ich x multiplizieren, um $3x^3$ herauszubekommen?" Antwort: „Mit $3x^2$, denn $3x^2 \cdot x = 3x^3$" Außerdem rechnet man $-3 \cdot 3x^2 = -9x^2$

$(3x^3 - 10x^2 + 7x - 12) : (x - 3) = 3x^2$
$-(3x^3 - 9x^2)$

Dann subtrahiert man untereinander und zieht das nächste Element von der Ausgangsgleichung nach unten (hier +7x). Es ergibt sich eine neue Zeile und man führt die Rechenschritte genau so durch, wie zuvor:

```
 (3x³ - 10x² + 7x - 12) : (x - 3) = 3x² - x + 4
-(3x³ - 9x²)
      -x² + 7x
     -(-x² + 3x)
            4x - 12
          -(-4x - 12)
                  0
```

Mit dem Ergebnis $3x^2 - x + 4$ und der Mitternachtsformel oder der p-q-Formel stellt man fest, dass es keine weiteren Nullstellen gibt. Es bleibt bei $x_{0;1} = 3$.

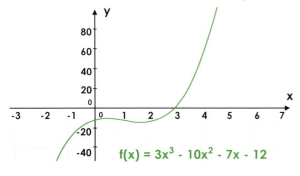

$f(x) = 3x^3 - 10x^2 - 7x - 12$

Es ist schwierig, die Polynomdivision auf dem Blatt zu erklären, deshalb schau dir unbedingt das Video dazu an.

Übungen

1. Bestimme mit Hilfe der Polynomdivision die Nullstellen der Funktion f(x) mit $f(x) = x^3 - 6x^2 + 11x - 6$.

2. Bestimme auf schnellstem Weg die Nullstellen der Funktion g(x) mit der Funktionsgleichung $g(x) = x^4 - 4x^3 + 4x^2 + 4x - 5$.

A Funktionen — 11 Substitutionsverfahren

Man bezeichnet Funktionen des Typs $f(x) = ax^4 + bx^2 + c$ als bi-quadratische Funktionen vierten Grades. Natürlich gibt es auch bi-quadratische Funktionen sechsten, achten, zehnten und höheren Grades, aber entscheidend ist bei allen diesen Funktionen, dass die Exponenten nur gerade Zahlen wie 2, 4, 6, 8, usw. annehmen dürfen und der eine Exponent die Hälfte des anderen Exponenten darstellt: siehe oben 4 und 2. Das Substitutionsverfahren findet die Nullstellen dieser Funktionen.

Beim Substitutionsverfahren tauscht man das x mit dem höchsten Exponenten gegen ein z^2 und das x mit dem niedrigeren Exponenten gegen ein z aus: $x^4 = z^2$ und $x^2 = z$. Jetzt kann man die p-q-Formel für $z_{1,2}$ anwenden und am Ende wird resubstituiert zu $x_{1,2,3,4}$.

Berechne die Nullstellen der Funktion $f(x) = 3x^4 - 12x^2 + 9$ mit Hilfe des Substitutionsverfahrens.

1. Schritt: Prüfen, ob man ein x ausklammern kann oder ob es sich um eine lineare bzw. quadratische Funktion handelt. Das ist hier alles nicht der Fall. Somit gehen hier weder Ausklammern, noch Freistellen und auch keine Anwendung der p-q-Formel. Außerdem fehlt uns ein Glied mit dem x^3 und ein Glied mit dem x^1, daher klappt auch die Polynomdivision nicht so gut.

2. Schritt: Substitution

$z = x^2$

$\Rightarrow 3z^2 - 12z + 9 = 0 \quad | : 3$

$\Leftrightarrow z^2 - 4z + 3 = 0 \qquad p = -4 \text{ und } q = 3$

mit $z_{1/2} = -\dfrac{p}{2} \pm \sqrt{\left(\dfrac{p}{2}\right)^2 - q}$

ergibt sich $\quad z_1 = 1 \quad$ und $\quad z_2 = 3$

3. Schritt: Resubstitution

Im zweiten Schritt haben wir definiert, dass $z = x^2$.

Also ist $z_1 = 1 = x_{1/2}^2 \quad \Rightarrow \quad x_1 = +1 \quad$ und $\quad x_2 = -1$

und $z_2 = 3 = x_{3/4}^2 \quad \Rightarrow \quad x_3 = +\sqrt{3} \quad$ und $\quad x_4 = -\sqrt{3}$

> Denk an die Resubstitution, diese wird besonders in Klassenarbeiten in der Eile vergessen.

Übungen

 1.

Erkläre das Substitutionsverfahren anhand der folgenden Gleichung Schritt für Schritt:
$g(x) = x^4 - 5x^2 + 6$.

 **2.**

Bestimme mit Hilfe des Substitutionsverfahrens die Nullstellen der Funktion
$f(x)$ mit $f(x) = 2x^5 - 26x^3 + 72x$.

A Funktionen — 12 Nullstellen ganzrationaler Funktionen

Zu den charakteristischen Stellen einer Funktion gehören Nullstellen. Dabei gilt immer, dass y = 0 gesetzt werden muss. Je nach Funktionsgleichung sind die Lösungsverfahren allerdings unterschiedlich, folgende kennst du bereits:

- Lineare Gleichungen (0 = mx + b) werden durch Freistellen von x gelöst.
- Bei quadratischen Gleichungen (0 = ax^2 + bx + c) wendet man die p-q-Formel an.
- In biquadratischen Gleichungen (0 = ax^4 + bx^2 + c) wird zunächst x^2 = z ersetzt (Substitution) und dann die p-q-Formel angewendet. Von den Lösungen muss abschließend $\pm\sqrt{z}$ gezogen werden.

Für Gleichungen dritten Grades (0 = ax^3 + bx^2 + cx + d) bestimmt man durch Einsetzen und Probieren möglicher Lösungen zunächst eine Nullstelle und führt dann eine Polynomdivision durch, sodass eine quadratische Gleichung bleibt, die man wie gewohnt lösen kann. Die Polynomdivision erfolgt wie die schriftliche Division (ax^3 + bx^2 + cx + d) : (x - x_0), wobei x_0 der ersten geratenen Nullstelle entspricht.

Berechne die Nullstellen der Funktion f(x) = x^4 - $2x^3$ - $5x^2$ + 6x.

Auch wenn es sich um ein Polynom 4. Grades handelt, liegt hier keine biquadratische Gleichung vor. Eine solche besteht nämlich lediglich aus den Termen mit geraden Exponenten. Wir wählen folglich keinen biquadratischen Ansatz. Zunächst wird die Gleichung jedoch mit 0 gleichgesetzt.

$0 = x^4 - 2x^3 - 5x^2 + 6x$

Es ist zu sehen, dass die Gleichung mit x = 0 gelöst werden kann. Man klammert also ein x aus. Dies ist immer möglich, wenn kein konstanter Term vorliegt.

$0 = x(x^3 - 2x^2 - 5x + 6)$

Wir notieren die erste Nullstelle mit $x_{0,1}$ = 0 und suchen die Lösung für die Restgleichung.

$0 = x^3 - 2x^2 - 5x + 6$

Durch geschicktes Abschätzen soll die zweite Nullstelle bestimmt werden. Man beginnt Zahlen wie -1, 1, -2, 2,... für x einzusetzen und berechnet, ob sich die Gleichung zu 0 ergibt.

$(-1)^3 - 2 \cdot (-1)^2 - 5 \cdot (-1) + 6 = 8$
$1^3 - 2 \cdot 1^2 - 5 \cdot 1 + 6 = 0$

Tatsächlich führt $x_{0,2}$ = 1 zur zweiten Nullstelle. Diese Nullstelle muss ebenfalls aus der Gleichung ausgeklammert werden. Dies geschieht, indem man die gesamte Gleichung durch (x - 1) dividiert, sprich eine Polynomdivision durchführt. Es wird Dividend und Divisor notiert und überlegt, wie oft der Divisor „in den Dividenden" passt. Der Rest erfolgt wie bei der schriftlichen Division:

$(x^3 - 2x^2 - 5x + 6) : (x - 1) = x^2$
$-(x^2 (x - 1))$

Als ersten Schritt der Polynomdivision überlegt man sich, mit welcher Größe man den Divisor, also die erste Nullstelle, multiplizieren muss, damit der Term mit der höchsten Potenz im Dividenden wegfällt. In unserem Beispiel muss das x im Divisor mit x^2 multipliziert werden, um ein x^3 zu erzeugen, welches auch im Dividenden auftaucht. Man trägt das x^2 hinter dem Gleichheitszeichen ein und notiert das Produkt in der Zeile unterhalb der Gleichung.

$(x^3 - 2x^2 - 5x + 6) : (x - 1) = x^2$
$\underline{- (x^3 - x^2)}$
$\quad -x^2 - 5x + 6$

Der ausmultiplizierte Term wird subtrahiert. Der verbleibende Rest ist neuer Dividend und die Suche nach der richtigen Ergänzung erfolgt von Neuem.

$(x^3 - 2x^2 - 5x + 6) : (x - 1) = x^2 - x$
$\underline{- (x^3 - x^2)}$
$\quad -x^2 - 5x + 6$
$\quad \underline{-(-x^2 + x)}$
$\quad\quad -6x + 6$

Der Restterm ist nun noch vom Grad 2. Multipliziert man die Nullstelle (x-1) mit –x erhält man genau $-x^2$, sodass dies bei weiterer Subtraktion ebenfalls wegfällt.

```
(x³ - 2x² - 5x + 6) : (x - 1) = x² - x - 6
- (x³ - x²)
     -x² - 5x + 6
    -(-x² + x)
          -6x + 6
         -(-6x + 6)
               0
```

Zuletzt muss die Nullstelle lediglich mit -6 multipliziert werden, um den linearen Rest des anfänglichen Polynoms zu eliminieren. Schlussendlich hat man also restlos die Nullstelle des Polynoms „herausgezogen".

Das Ergebnis der Polynomdivision ist eine quadratische Gleichung, die mit Hilfe der p-q-Formel gelöst werden kann und die beiden letzten Nullstellen, $x_{0,3} = 3$ und $x_{0,4} = -2$, liefert. Insgesamt liegt demnach die maximale Anzahl von vier Nullstellen bei dem Polynom vor.

Du kannst das Polynom jetzt auch als Linearfaktorzerlegung der Nullstellen notieren. Dabei multiplizierst du einfach alle Nullstellen $(x - x_{0,i})$ miteinander:

$f(x) = (x - 0)(x - 1)(x - 3)(x + 2) = x \cdot (x - 1)(x - 3)(x + 2)$

> **Die Umkehrung der Polynomdivision ist die Linearfaktorzerlegung. Beim Ausmultiplizieren der Nullstellen $(x - x_{0,i})$ erhältst du die normale Schreibweise eines Polynoms.**

Übungen

1.

Bestimme die Nullstellen zu folgenden Funktionen:

a) $f(x) = 2x^2 - 3x$ b) $f(x) = x^2(x^2 - 9)$ c) $f(x) = x^4 - 5x^2 + 6$ d) $f(x) = x^3 - x^2 - 5x - 3$ e) $f(x) = x^3 - 6x^2 - 4x + 24$

2.

Bilde ein Polynom dritten Grades, das Nullstellen bei $x_{0,1} = -4$, $x_{0,2} = -1$ und $x_{0,3} = 3$ hat und überprüfe dein Ergebnis mit der Polynomdivision. **TIPP**: Verwende zunächst die Linearfaktorzerlegung, multipliziere dann die Klammern aus.

3.

Informiere dich über das Horner-Schema als Alternative zur Polynomdivision. Versuche damit die Gleichung $0 = 2x^3 - 6x^2 - 20x + 48$ zu lösen.

B Differenzialrechnung — 1 Änderungsrate

Die mittlere Änderungsrate m einer Funktion f(x) in einem bestimmten Intervall $[x_a; x_b]$ berechnet sich nach der Formel:

$$m = \frac{f(x_b) - f(x_a)}{x_b - x_a}$$

Man spricht dabei von der durchschnittlichen Änderungsrate zwischen zwei Punkten. Wenn $x_b \to x_a$ strebt, erhält man als Grenzwert die lokale Änderungsrate an der Stelle x_a.

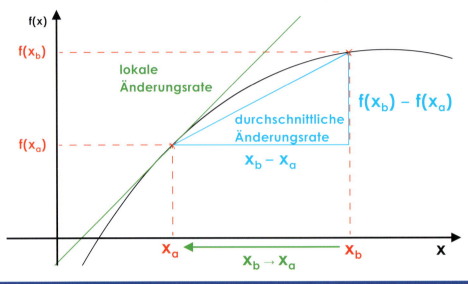

Der zurückgelegte Weg f [in m] eines Motorrads beim Start eines Rennens lässt sich in Abhängigkeit der Zeit t [in s] ungefähr durch folgende Funktion beschreiben: $f(t) = 4 \, m/s^2 \cdot t^2$

Welche Geschwindigkeit (Änderungsrate des Weges) hat das Motorrad
a) durchschnittlich in den ersten drei Sekunden   **b)** nach 3 Sekunden ?

Lass dich zunächst nicht von den Einheiten (z.B. m/s^2) beirren. Führe sie einfach beim Rechnen sauber mit und kürze, wenn möglich, damit zum Schluss ein sinnvolles Ergebnis in Metern entsteht.

Wie du sicherlich schon erkannt hast, sollst du bei Teilaufgabe a) die <u>durchschnittliche Änderungsrate</u> in dem Zeit<u>intervall</u> [0 s ; 3 s] bestimmen, sprich die Durchschnittsgeschwindigkeit. Wende hierfür einfach die Formel von oben an, indem du für $x_a = 0$ s und für $x_b = 3$ s einsetzt:

$$m = \frac{f(3s) - f(0s)}{3s - 0s} = \frac{(4 \, m/s^2 \cdot (3s)^2) - (4 \, m/s^2 \cdot (0s)^2)}{3s - 0s} = \frac{36 \, m - 0 \, m}{3s}$$

$$m = 12 \, m/s$$

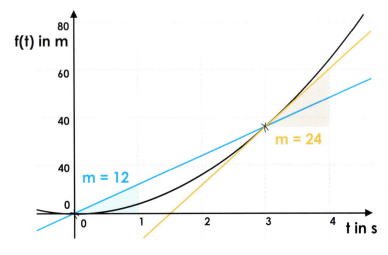

Bei Aufgabenteil b) sollen wir die lokale Änderungsrate bei 3 s bestimmen. Diese entspricht eben der Geschwindigkeit in dem Zeitpunkt (und nicht Zeitintervall). Wie oben beschrieben, wählt man dazu eine zweite Stelle, die sehr dicht an dem Punkt liegt. Dafür setzen wir dieses Mal für $x_b = 3{,}01$ s und für $x_a = 3$ s.

$$m = \frac{f(3{,}01\,s) - f(3\,s)}{3{,}01\,s - 3\,s} = \frac{36{,}24\,m - 36\,m}{0{,}01\,s} = 24 \, m/s$$

Die durchschnittliche und die lokale Änderungsrate weichen deutlich voneinander ab. Du solltest den Unterschied unbedingt verstehen!

Übungen

1.

Bestimme bezüglich der Beispielaufgabe mit dem Motorrad zusätzlich die Geschwindigkeit nach 2 Sekunden, nach 6 Sekunden, zwischen 2 und 6 Sekunden sowie nach 100 m.

2.

Zeichne die Funktion $f(x) = -\frac{1}{2}x^2 + 2x$ in dein Heft und bestimme graphisch die Änderungsraten für die Intervalle [0; 1] und [0; 3] sowie in den Punkten $P_1\,(1\,|\,f(1))$ und $P_2\,(4\,|\,f(4))$. Überprüfe deine Ergebnisse durch Rechnungen.

3.

Interpretiere im Zusammenhang mit der Beispielaufgabe, was die Beschleunigung eines Motorrads ist.

4.

Erkläre anhand der Grafik den Sinn der durchschnittlichen Änderungsrate.

5.

Erkläre anhand der Grafik den Sinn der momentanen Änderungsrate.

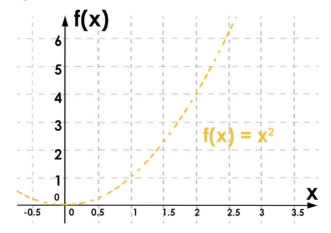

B — Differenzialrechnung — 2 Ableitung mit Differenzenquotient

Man bezeichnet $\frac{f(x) - f(x_0)}{x - x_0}$ auch als Differenzenquotienten. Liegt für diesen Quotienten ein Grenzwert für $x \to x_0$ vor, so ist die Funktion f an der Stelle x_0 differenzierbar. Den Grenzwert nennt man Ableitung von f an der Stelle x_0. Man schreibt $f'(x_0)$. Um die Ableitung genau zu bestimmen, kann man die x- oder die h-Methode anwenden.

Bestimme für die Funktion $f(x) = x^2 - 2x$ die Ableitung an der Stelle $x_0 = 4$ mit der x- und der h-Methode.

Im Mittelpunkt beider Methoden steht der Differenzenquotient. Durch richtiges Einsetzen und Umformen erhält man dann die Ableitung.

Bei der x-Methode bleibt das x immer erhalten und es wird in der Formel $x_0 = 4$ gesetzt. Damit ergibt sich für den Differenzenquotienten: $\frac{(x^2 - 2x) - (16 - 8)}{x - 4} = \frac{x^2 - 2x - 8}{x - 4}$

Den Term, den wir erhalten, können wir durch Polynomdivision umformen, wodurch der Nenner eliminiert wird.

```
 (x² - 2x - 8) : (x - 4) = x + 2
-(x² - 4x)
 ─────────
     (2x - 8)
    -(2x - 8)
     ─────────
        0
```

Das Ergebnis der Polynomdivision lautet $x + 2$, weswegen sich unser Differenzenquotient an der Stelle $x_0 = 4$ auch schreiben lässt als:

$$\frac{f(x) - f(x_0)}{x - x_0} = \frac{f(x) - f(4)}{x - 4} = x + 2$$

Für die Ableitung setzen wir nun im Differenzenquotienten $x = 4$ ein und erhalten somit:

$f'(4) = x + 2 = 4 + 2 = 6$

Für die h-Methode wird $x = x_0 + h$ gesetzt, mit $x_0 = 4$. Dabei ist h als unendlich kleiner Abstand von x zu x_0 zu verstehen. Der Differenzenquotient ist somit:

$$\frac{((4 + h)^2 - 2 \cdot (4 + h)) - (8)}{4 + h - 4} = \frac{((4^2 + 8h + h^2) - (8 + 2h)) - 8}{h} = \frac{6h + h^2}{h}$$

Das h im Nenner wird mit jeweils einem h im Zähler gekürzt. Ergebnis: $6 + h$
Um die Ableitung zu bestimmen, lassen wir nun den Abstand h zu x_0 minimal werden, $h \approx 0$. Man schreibt: $f'(4) = \lim\limits_{h \to 0} 6 + h = 6$ (Differentialquotient)

Du siehst, dass beide Ansätze zum gleichen Ergebnis führen. Die Ableitung beträgt also 6. Dies gilt jedoch nur an der gewählten Stelle. Für einen „allgemeinen" Zusammenhang kannst du Aufgabe 3 bearbeiten.

Übungen

1.

Bestimme f'(-2) für die Funktion f(x) = -x² + 4 mit Hilfe des Differenzenquotienten. Wähle als erste Annäherung ein x nahe -2, also zum Beispiel x = -1,99. Überprüfe dein Ergebnis danach mit der x-Methode.

2.

Notiere die Stellen, an denen der Graph in der Abbildung nicht differenzierbar ist.

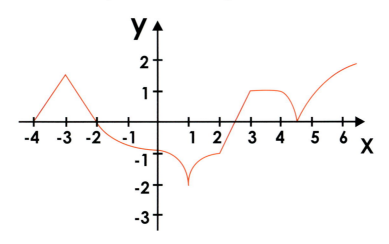

3.

Bilde zunächst den Differenzenquotienten der Funktion f(x) = x³ an der Stelle x_0 und mit x = x_0 + h. Lass h → 0 gehen und beschreibe, was dir auffällt. Zeichne f(x) und f'(x) in ein gemeinsames Koordinatensystem ein.

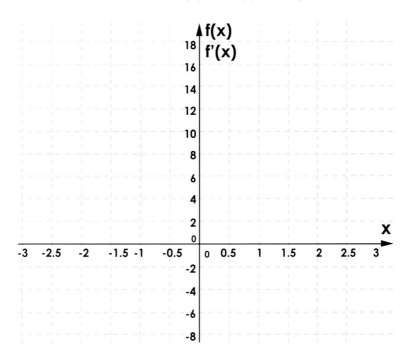

4.

Finde die Steigung der Funktion f(x) = 2x² + 3 an der Stelle x_0 = 5 mit der h-Methode.

B Differenzialrechnung — 3 Tangente und Normale

Ist eine Funktion f(x) mit dem Punkt $P(x_0 \mid f(x_0))$ gegeben und eine Gerade t am Punkt P mit der Steigung $f'(x_0)$, so bezeichnet man diese als Tangente (lat. „Berührende"). Eine Gerade n, die senkrecht zur Tangente durch den Punkt P verläuft, wird Normale genannt. Die Geradengleichung lässt sich folgendermaßen aufstellen, für die

Tangente: $\quad y_t = f'(x_0)(x - x_0) + f(x_0)$

Normale: $\quad y_n = -\dfrac{1}{f'(x_0)}(x - x_0) + f(x_0)$

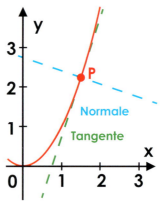

Bestimme die Tangenten- und die Normalengleichung im Punkt P (1 | 1,75) der Funktion $f(x) = -\dfrac{1}{4}x^2 + 2$

Wenn du dir die Formeln von oben anschaust, siehst du, dass du die Ableitung bzw. die Steigung in dem Punkt P bestimmen musst, um die Geradengleichungen angeben zu können. Alle restlichen Werte, also die Stelle $x_0 = 1$ sowie der Funktionswert $f(x_0) = 1{,}75$ sind gegeben und können an der Koordinate des Punktes abgelesen werden.

Die Ableitung bestimmt man mit einer der bekannten Methoden. Oftmals bietet es sich an, die h-Methode anzuwenden, um sich eine Polynomdivision zu ersparen. Zunächst bilden wir also den Differenzenquotienten mit $x = x_0 + h$ und $x_0 = 1$, vereinfachen und kürzen die Terme:

$$\frac{\left(-\frac{1}{4}(1+h)^2 + 2\right) - (1{,}75)}{1 + h - 1} = \frac{1 - \frac{h}{2} - \frac{h^2}{4} - 1}{h} = -\frac{1}{2} - \frac{h}{4}$$

Zuletzt lässt man h wieder minimal werden. Somit gilt:

$$f'(1) = \lim_{h \to 0} -\frac{1}{2} - \frac{h}{4} = -\frac{1}{2}$$

Man setzt dies in die Tangentengleichung ein und erhält:

$$y_t = -\frac{1}{2}(x - 1) + 1{,}75 = -\frac{1}{2}x + 2{,}25$$

Für die Normalengleichung musst du lediglich das Vorzeichen der Steigung ändern und den Kehrwert bilden.

$$y_n = -\frac{1}{-\frac{1}{2}}(x - 1) + 1{,}75 = 2x - 0{,}25$$

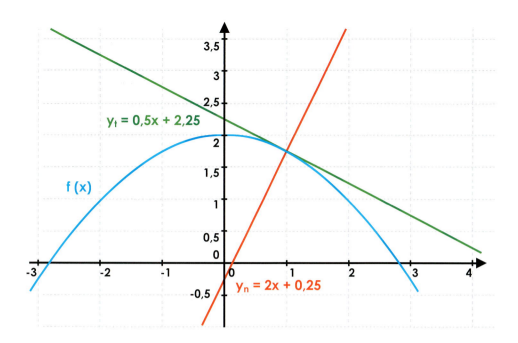

Die Formel für eine Tangentengleichung solltest du dringend auswendig lernen sowie den Zusammenhang zur Normalen kennen.

Übungen

 1.

Bestimme graphisch die Tangenten- und die Normalengleichung an der Stelle $x = 4$ für die Funktion $f(x) = 2\sqrt{x}$

 2.

Bestimme die Geradengleichungen für die Tangente und die Normale an den Punkten $P(2|1)$ und $Q(1|0)$ der Funktion $f(x) = x^3 - 2x^2 + 1$

 3.

Zeige anhand einer Skizze, warum die Steigung der Normalen genau der negative Kehrwert der Tangentensteigung ist.

B Differenzialrechnung — 4 Ableitungsfunktion

Ermittelt man eine Zuordnung für die Steigung m(x) in jedem Punkt einer Funktion f(x), bezeichnet man diese als Ableitungsfunktion f'(x).

Die Düne von Pyla am französischen Atlantik lässt sich vereinfachend durch folgende Funktion beschrieben: $f(x) = -\frac{1}{400}x^2 + x$ (alle Angaben in Metern)

Zu Beginn ist die Steigung sehr groß, doch nach wie vielen Metern beträgt sie nur noch 20% ?

Zuerst musst du wissen, was eine Steigung von 20% ist. Es bedeutet, dass die Tangente eine Steigung von 0,2 hat. Da wir nicht wie bisher die Steigung suchen, sondern die Stelle an der eine bestimmte Steigung besteht, müssen wir zunächst eine allgemeine Funktion finden, bei der man die Steigungen in sämtlichen Punkten ablesen kann. Genauer gesagt, die Ableitungsfunktion f'(x). Hierzu bilden wir den Differenzenquotienten mit einem unbestimmtem x und der beliebigen Stelle x_0:

$$\frac{\left(-\frac{1}{400}x^2 + x\right) - \left(-\frac{1}{400}x_0^2 + x_0\right)}{x - x_0} = \frac{-\frac{1}{400}x^2 + x + \frac{1}{400}x_0^2 - x_0}{x - x_0}$$

Um den Nenner zu eliminieren, müssen wir geschickte Umformungen vornehmen. Zunächst stellen wir um, klammern $-\frac{1}{400}$ aus und führen anschließend die zweite binomische Formel durch, damit gekürzt werden kann.

$$\frac{-\frac{1}{400}(x^2 - x_0^2) + (x - x_0)}{x - x_0} = \frac{-\frac{1}{400}(x + x_0)(x - x_0) + (x - x_0)}{x - x_0}$$

$$= -\frac{1}{400}(x + x_0) + 1$$

Mit $x \to x_0$ erhält man als Ableitung

$$f'(x_0) = \lim_{x \to x_0} -\frac{1}{400}(x + x_0) + 1 = -\frac{1}{400} \cdot 2 \cdot x_0 + 1 = -\frac{1}{200}x_0 + 1$$

Dies setzen wir nun mit der gesuchten Steigung von 0,2 gleich und stellen nach x_0 frei.

$$f'(x_0) = 0{,}2 = -\frac{1}{200}x_0 + 1 \quad \to \quad x_0 = 160$$

Nach 160 m beträgt die Steigung also nur noch 0,2.

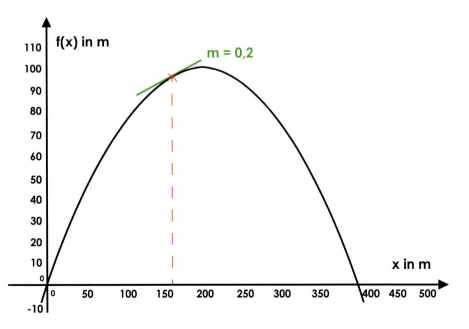

Die Rechenschritte sind hier sicherlich etwas schwierig, du wirst aber schon bald Wege kennenlernen, um Ableitungen schnell zu bestimmen.

Übungen

 1.

Skizziere jeweils die zugehörige Ableitungsfunktion zu den abgebildeten Graphen.

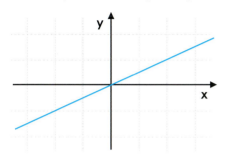
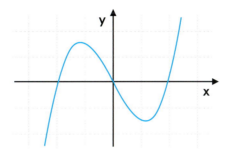
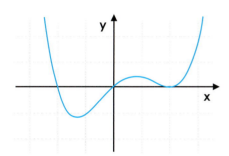
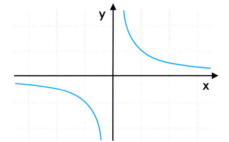

 2.

Bilde die Ableitung der Funktion $f(x) = x^2 - x - 1$ und bestimme anschließend die Steigung an den Stellen $x_0 = \{-2; -0{,}5; 0; 1; 3\}$.

 3.

Gegeben ist die Funktion $f(x) = \frac{1}{2}x^2 - 3$

a) Bestimme, an welcher Stelle die Steigung -4 beträgt.

b) Gibt es eine Stelle, an der Funktionswert und Steigung übereinstimmen?

c) Wähle den Parameter b der Geraden $g(x) = 2x + b$ so, dass sie eine Tangente von $f(x)$ bildet.

B Differenzialrechnung — 5 Potenzfunktionen ableiten

Da es mühsam ist, jedes Mal die Ableitung durch einen Differenzenquotienten zu bestimmen, gibt es allgemeine Ableitungsregeln, die man direkt anwenden kann.

Bei Potenzfunktionen der Form $f(x) = x^n$

lautet die Ableitungsfunktion $f'(x) = n \cdot x^{n-1}$ (Potenzregel)

Befindet sich ein Koeffizient k vor der Potenz, wird dieser mitgeführt: $f(x) = k \cdot x^n$ wird zu $f'(x) = k \cdot n \cdot x^{n-1}$ (Faktorregel).

Bilde mit Hilfe der Potenzregel die Ableitung der Funktion $f(x) = x^3$. Bestimme die Steigung an den Stellen $x_1 = -3$, $x_2 = 2$ und $x_3 = 3$. An welchen Stellen beträgt die Steigung $f'(x) = 3$?

Wie in der Aufgabenstellung bereits erwähnt, kann man zum Bilden der Ableitungsfunktion direkt die Potenzregel anwenden. Dabei verringert sich der Exponent um eins $(n - 1)$ und der ursprüngliche Exponent n wird als Koeffizient vor die Potenz gezogen. So ergibt sich für $f(x) = x^3$:

$f'(x) = 3x^{3-1} = 3x^2$

Für die Stellen x_1 bis x_3 berechnen sich die Steigungen damit zu

$f'(x_1 = -3) = 3 \cdot (-3)^2 = 27$
$f'(x_2 = 2) = 3 \cdot (2)^2 = 12$
$f'(x_3 = 3) = 3 \cdot (3)^2 = 27$

Um die Stelle zu bestimmen, an der eine Steigung von 3 vorliegt, setzt man genau umgekehrt für $f'(x) = 3$ ein und stellt dann frei:

$f'(x) = 3 = 3x_{4,5}^2 \quad |:3$
$1 = x_{4,5}^2 \quad |\pm\sqrt{}$
$x_{4,5} = \pm\sqrt{1}$
$x_{4,5} = \pm 1$

Das Bilden einer Ableitung und insbesondere die Potenzregel sind extrem wichtige Grundlagen für die Mathematik der Oberstufe!

Übungen

1. Bestimme die Ableitungsfunktion. Berücksichtige auch die Faktorregel (s.o.)!

a) $f(x) = x^5$ b) $f(x) = \frac{1}{4}x^4$ c) $f(x) = 2x^3$

d) $f(x) = x^{-2}$ e) $f(x) = \frac{2}{x^6}$ f) $f(x) = x^{\frac{1}{3}}$

g) $f(x) = 2\sqrt{9x^3}$ h) $f(x) = \frac{1}{\sqrt[7]{x}}$

2.
Gegeben ist die Funktion $f(x) = kx^5$. Bestimme k so, dass $f'(2) = 4$ gilt.

3.
Beweise die Potenzregel für die Funktion $f(x) = x^4$, indem du den Differenzenquotienten bildest und die h-Methode anwendest.

Notizen

B Differenzialrechnung 6 Ableitungsregeln und höhere Ableitungen

Neben der Potenzregel gibt es noch weitere Ableitungsregeln. Eine Ergänzung ist die sogenannte <u>Faktorregel</u>. Wird eine Funktion g(x) mit einem konstanten Faktor c multipliziert, bleibt dieser in der Ableitung erhalten:
$$f(x) = c \cdot g(x)$$
$$f'(x) = c \cdot g'(x)$$

Addiert man eine Funktion g(x) mit einer zweiten Funktion h(x), so besagt die <u>Summenregel</u>, dass beide Teilfunktionen für sich abgeleitet werden.
$$f(x) = g(x) + h(x)$$
$$f'(x) = g'(x) + h'(x)$$

Höhere Ableitungen, wie zum Beispiel die zweite Ableitung f''(x) (gesprochen „f zwei Strich von x") oder f'''(x) oder auch $f^{(IV)}(x)$ etc., bildet man durch Ableiten der vorangegangen Ableitungsfunktion.

Bestimme die dritte Ableitung der Funktion $f(x) = \frac{1}{2}x^4 - x^2$

In unserem Beispiel kannst du alle Regeln anwenden, die du zum Ableiten bisher gelernt hast. Betrachten wir zunächst den Aufbau der Funktion:

$$f(x) = c \cdot g(x) - h(x)$$

mit

$$c \cdot g(x) = \frac{1}{2} \cdot x^4 \quad \text{und} \quad h(x) = -x^2$$

Subtraktionen sind als Additionen mit einem umgekehrten Vorzeichen zu verstehen, sodass hier die Summenregel angewendet werden muss (auch wenn der Name etwas irreführend ist). Der Faktor $\frac{1}{2}$ wird bei der Faktorregel einfach mitgeschleppt.

Für die erste Ableitung leitet man also beide Teilfunktionen zunächst separat mit der Potenzregel ab und setzt sie anschließend wieder zusammen:

$$c \cdot g'(x) = \frac{4}{2}x^{4-1} = 2x^3 \quad \text{und} \quad h'(x) = -2x^{2-1} = -2x$$

$$f'(x) = 2x^3 - 2x$$

Um eine höhere Ableitung zu bilden, also die zweite Ableitung, wiederholt man den Vorgang. Mit etwas Übung kann man hier auch auf den Zwischenschritt verzichten und direkt die Ableitung angeben:

$$f''(x) = 6x^2 - 2$$

In der dritten Ableitung fällt die Konstante bzw. h(x) weg und der mitgeführte Faktor c beträgt nun 12. Es ergibt sich schlussendlich

$$f'''(x) = 12x$$

Beim Ableiten von längeren Funktionen ist es wichtig, die Übersicht zu behalten und konzentriert vorzugehen. Insbesondere bei höheren Ableitungen schleichen sich sonst schnell Fehler ein.

Übungen

1.

Bestimme und gib auch Zwischenschritte an, für

a) $f'''(x)$ von $f(x) = -x^6$
b) $f''(x)$ von $f(x) = -x^3 + 4x$
c) $f'(x)$ von $f(x) = \frac{4+x^5}{x^3}$
d) $f^{(V)}(x)$ von $f(x) = -\frac{1}{7}x^7 + x^{-2}$
e) $f'''(x)$ von $f(x) = \sqrt{x^3} + 2x^3$

2.

Zeichne die erste und zweite Ableitung des abgebildeten Graphen in das Koordinatensystem. Was fällt dir auf? Gibt es besondere Punkte? Wie kann man die zweite Ableitung interpretieren?

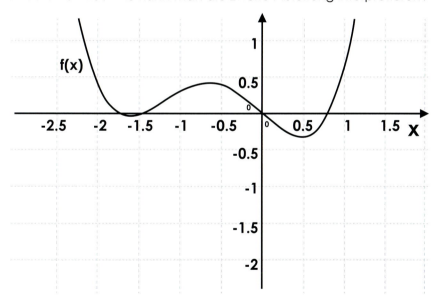

3.

Die zweite Ableitung einer Funktion lautet $f''(x) = 12x^2$. Wie lautet die Ursprungsfunktion $f(x)$?

B Differenzialrechnung — 7 Trigonometrische Funktionen

Unter den trigonometrischen Funktionen versteht man die Winkelfunktionen Sinus und Kosinus (und auch Tangens). Überträgt man die Funktionswerte der jeweiligen Winkel aus dem Einheitskreis in ein Koordinatensystem, ergibt sich die typische Sinuskurve (s. Abbildung). Selbiges lässt sich auch für den Kosinus durchführen.

In einem gemeinsamen Koordinatensystem erkennt man, dass eine Phasenverschiebung von π/2 bzw. 90° zwischen Sinus und Kosinus liegt.

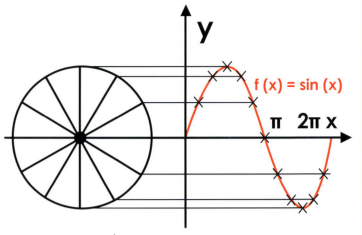

$$\cos(\alpha) = \sin\left(\alpha + \frac{\pi}{2}\right)$$

bzw.

$$\sin(\alpha) = \cos\left(\alpha - \frac{\pi}{2}\right)$$

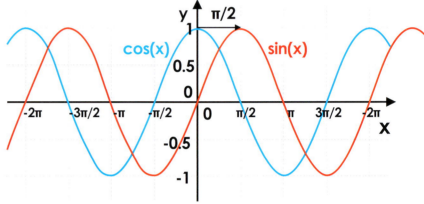

In der allgemeinen Form stellt man die Sinusfunktion folgendermaßen dar (ebenso die Kosinusfunktion):

$$f(x) = a \cdot \sin(b(x - c)) + d$$

Mit:

- a: Stauchung ($0 < |a| < 1$) und Streckung ($|a| > 1$) in y-Richtung
- b: Stauchung ($b > 1$) und Streckung ($b < 1$) der Periodenlänge $p = \frac{2\pi}{b}$
- c: Verschiebung in positiver x-Richtung
- d: Verschiebung in y-Richtung

Erläutere, wie die Funktion $f(x) = -3 \cdot \cos\left(2 \cdot \left(x + \frac{\pi}{8}\right)\right) + 1$ aus der normalen Kosinusfunktion hervorgeht und zeichne beide in ein Koordinatensystem.

In der Übungsaufgabe sollst du verstehen, wie die Parameter a bis d Einfluss auf den Verlauf der Funktion nehmen. Dafür betrachten wir diese zunächst im Einzelnen und zeichnen abschließend einen Graphen zur Veranschaulichung.

Der Parameter a = -3 ist betragsmäßig größer als 1, wodurch eine Streckung in y-Richtung (um drei Einheiten) im Vergleich zur normalen Kosinusfunktion vorliegt. Das negative Vorzeichen führt zu einer Spiegelung an der x-Achse. Zusätzlich wird die Funktion durch den Parameter d um eine Einheit nach oben verschoben, sodass der Wertebereich zwischen -2 und +4 liegt.

In x-Richtung wurde die Kosinuskurve zunächst mit dem Faktor 2 gestaucht. Anders ausgedrückt, die Periodenlänge $p = \frac{2\pi}{b}$ verkürzt sich dadurch auf π. Die Frequenz erhöht sich also und in einem gewählten Intervall treten genau doppelt so viele Hoch- und Tiefpunkte auf.

Bis hierhin ist der Graph also in y-Richtung gestreckt und verschoben sowie an der x-Achse gespiegelt worden (der Hochpunkt bei x = 0 ist nun ein Tiefpunkt), in x-Richtung wurde die Funktion gestaucht. Abschließend wird die Funktion noch um $\frac{\pi}{8}$ nach links verschoben (vgl. negatives Vorzeichen in der Grundform welches dann nach rechts verschiebt).

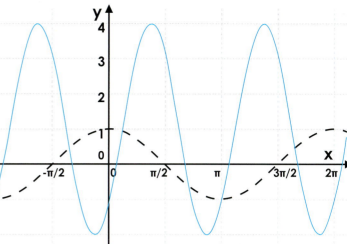

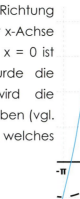

Du solltest unbedingt den Unterschied zwischen dem Verlauf einer normalen Sinus- und einer Kosinusfunktion kennen. Außerdem ist es wichtig, sich mit den Einflüssen der Parameter auszukennen.

Übungen

1.

a) Bestimme <u>alle</u> Winkel [in °] zwischen 0° und 360°, für die gilt: sin α = 0,6 bzw. cos α = 0,6 .

b) Für welche Vielfache von π nehmen Sinus und Kosinus jeweils den Wert 0,5 im Intervall [0; 2π] an? Löse graphisch.

2.

Bestimme die Funktionsgleichungen zu den Graphen im Bild als Sinus- und als Kosinusfunktion.

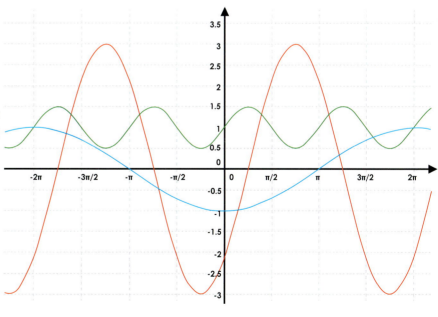

3.

Bei zeitlichen Abhängigkeiten verwendet man als Grundform oft den funktionalen Zusammenhang $f(t) = a \cdot \sin(\omega(t - t_0)) + d$ mit $\omega := \frac{2\pi}{\text{Periodendauer}}$. Ein Zylinderkolben bewegt sich periodisch über eine Strecke von 9 cm auf und ab. Während der Fahrt, erreicht er 3000 Mal pro Minute den untersten Punkt. Zu Beginn befindet sich der Kolben am untersten Punkt. Bestimme den zeitlichen Verlauf.

B Differenzialrechnung — 8 Trigonometrische Funktionen ableiten

Auch für Funktionen, bei denen es sich nicht um Polynome handelt, kann man Ableitungen bestimmen. Bei den trigonometrischen Funktionen liegt zwischen einer Funktion und seiner Ableitung genau eine Phasenverschiebung von 90° bzw. $\frac{\pi}{2}$ nach links. Es ergibt sich daher folgende, wiederkehrende Reihe:

$f(x) = \sin(x)$
$f'(x) = \cos(x)$
$f''(x) = -\sin(x)$
$f'''(x) = -\cos(x)$

Das Schwingen des Pendels in der Abbildung lässt sich als Funktion der Form $f(t) = a_{max} \cdot \cos(t)$ beschreiben. Bestimme zunächst die maximale Auslenkung a_{max}. An welcher Stelle weist das Pendel die höchste Geschwindigkeit auf und welchen Betrag hat sie?

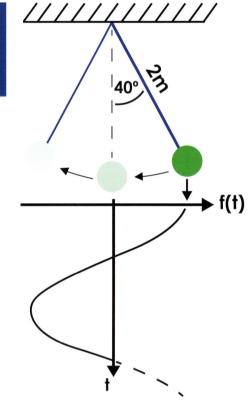

In der Abbildung kannst du hoffentlich erkennen, wie sich aus der Bewegung des Pendels eine Kosinuskurve ergibt. Drehst du den Graphen gegen den Uhrzeigersinn, solltest du den Zusammenhang sehen. Die maximale Auslenkung entspricht zugleich der Amplitude a_{max}, die wir für die Funktion benötigen. Erinner dich hierbei nochmal an die verschiedenen Parameter, die Einfluss auf den Verlauf einer trigonometrischen Funktion nehmen. Mit einem scharfen Blick lässt sich die Länge a_{max} aus der Winkelbeziehung bestimmen:

$$\sin(40°) = \frac{a_{max}}{2m} \rightarrow a_{max} = 2\,m \cdot \sin(40°) = 1{,}29\,m$$

Hat man einen Graphen gegeben, der einen Weg in Abhängigkeit der Zeit abbildet, entspricht die Steigung in einem Punkt genau der Geschwindigkeit. Folglich müssen wir die Steigungen der Funktion $f(t) = 1{,}29 \cdot \cos(t)$ bestimmen. Da die Ableitungsfunktion eben diese Eigenschaft hat, bilden wir die Ableitung.

Abgesehen von den Gesetzmäßigkeiten beim Ableiten einer trigonometrischen Funktion, gilt auch weiterhin die Faktorregel. Die 1,29 bleibt entsprechend als Vorfaktor erhalten und aus $\cos(t)$ wird in der Ableitung $-\sin(t)$. Somit ergibt sich insgesamt als Ableitungsfunktion:

$$f'(t) = 1{,}29 \cdot (-\sin(t)) = -1{,}29 \cdot \sin(t)$$

Für die betragsmäßig höchste Geschwindigkeit müssen die Punkte größter Steigung, also Hoch- und Tiefpunkte in der Ableitungsfunktion, bestimmt werden. Dafür ist es oft hilfreich, den Verlauf der trigonometrischen Funktionen vor Augen zu haben oder sich eine Skizze als Hilfestellung zu erstellen.

Die Skizze verdeutlicht, dass sich das Pendel nach $\frac{\pi}{2}$ Sekunden, also ungefähr 1,5 Sekunden, am schnellsten bewegt mit einer Geschwindigkeit von

$$f'(t) = -1{,}29 \cdot \sin(\tfrac{\pi}{2}) = -1{,}29 \cdot 1 = -1{,}29 = |-1{,}29|\,m/s$$

Diese Geschwindigkeit liegt genau dann vor, wenn die Kugel nicht ausgelenkt ist, sprich, sich in der Mittelposition befindet. Dies ist in dem Funktionsverlauf von f(t) zu erkennen. Geht man von einer verlustfreien, reibungslosen Schwingung aus, so tritt die Geschwindigkeit bei jedem weiteren Mitteldurchgang, etwa alle 3 Sekunden (genau: alle π Sekunden), wieder auf.

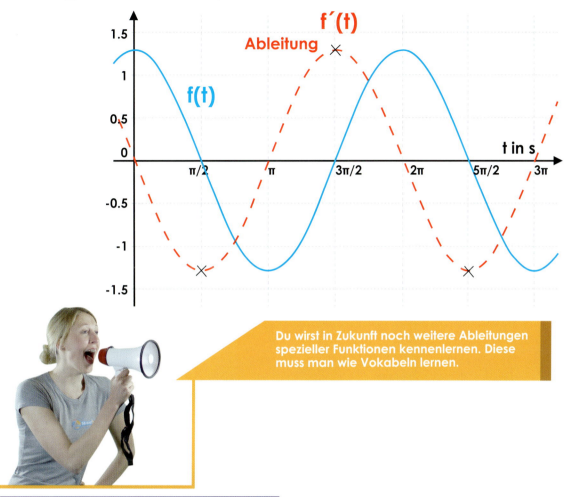

Du wirst in Zukunft noch weitere Ableitungen spezieller Funktionen kennenlernen. Diese muss man wie Vokabeln lernen.

Übungen

 1.

Bestimme die Ableitungsfunktionen f'(x) und f''(x) von

a) $f(x) = -2 \cdot \sin(x)$

b) $f(x) = 4x + 0{,}5 \cdot \cos(x)$

c) $f(x) = -\cos(x) + \dfrac{-2}{x^3}$

 2.

Gegeben ist die Funktion $f(x) = 2\cos(x) - 3$. Bestimme auf dem Intervall $[-\dfrac{3}{4}\pi; \dfrac{5}{2}\pi]$ alle Stellen x_0, für die gilt $f'(x_0) = 0$.

 3.

Bestimme für die Funktion $f(x) = \sin(x) - \cos(x)$ die Stellen größter Steigung auf dem Intervall $[0; 2\pi]$.

B Differenzialrechnung — 9 Schnittwinkel von Graphen

Haben zwei Funktionen $f_1(x)$ und $f_2(x)$ einen Schnittpunkt $S(x_s | y_s)$, so kann man den Schnittwinkel φ bestimmen, indem man die Steigungen der Funktionen in dem Punkt berechnet. Es gilt:

$f_1'(x_s) = \tan(\gamma)$
$f_2'(x_s) = \tan(\delta)$

Aus den Steigungswinkeln γ und δ ergibt sich der Schnittwinkel φ mit
$\varphi = |\gamma - \delta|$ für $0° \leq \varphi \leq 90°$ und $\varphi = 180° - |\gamma - \delta|$ für $90° \leq \varphi \leq 180°$

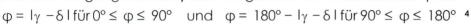

Berechne Schnittpunkte und Schnittwinkel der Funktionen $f_1(x) = x^3 - x^2 - x$ und $f_2(x) = 0{,}5x^2 - x$.

Ein Schnittpunkt liegt genau dann vor, wenn bei beiden Funktionen für ein bestimmtes x_0 der gleiche Funktionswert $f_1(x_s) = f_2(x_s)$ angenommen wird. Um mögliche Schnittpunkte zu bestimmen, setzen wir also zunächst die beiden Funktionsgleichungen gleich und formen soweit wie möglich um, sodass x_s freigestellt bzw. bestimmt werden kann.

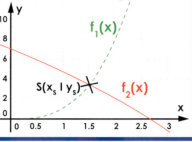

$x_s^3 - x_s^2 - x_s = 0{,}5x_s^2 - x_s \quad |:x_s$
$x_s^2 - x_s - 1 = 0{,}5x_s - 1 \quad |+1 \quad |-0{,}5x_s$
$x_s^2 - 1{,}5x_s = 0 \quad |p-q-\text{Formel}$

$x_{s;1/2} = \dfrac{3}{4} \pm \sqrt{\dfrac{9}{16} - 0}$

$x_{s;1} = 1{,}5$ und $x_{s;2} = 0$

Als Nächstes müssen die jeweiligen Steigungen der Funktionen an den Stellen bestimmt werden. Dazu bilden wir die Ableitungen mit Hilfe der Potenz-, Faktor- und Summenregel:

$f_1'(x) = 3x^2 - 2x - 1$ und $f_2'(x) = x - 1$

Durch Einsetzen der Schnittpunkte erhalten wir folgende Steigungen:

$f_1'(x_{s;1}) = 3 \cdot (1{,}5)^2 - 2 \cdot 1{,}5 - 1 = 2{,}75$ und $f_1'(x_{s;2}) = -1$
$f_2'(x_{s;1}) = x - 1 = 1{,}5 - 1 = 0{,}5$ und $f_2'(x_{s;2}) = -1$

Betrachtet man nun den ersten Schnittpunkt, sind für beide Funktionen der jeweilige Steigungswinkel und der daraus resultierende Schnittwinkel an der Stelle $x_{s;1}$ zu bestimmen. Da die Steigung der Funktionen als Steigungsdreieck in dem Punkt betrachtet werden kann, nutzen wir hier den Tangens, um daraus einen Winkel zu erzeugen.

$f_1'(x_{s;1}) = 2{,}75 = \tan(\gamma_1) \rightarrow \gamma_1 = 70{,}0°$
$f_2'(x_{s;1}) = 0{,}5 = \tan(\delta_1) \rightarrow \delta_1 = 26{,}6°$

Daraus ergibt sich für den Schnittwinkel φ_1

$\varphi_1 = |\gamma_1 - \delta_1| = |70{,}0° - 26{,}6°| = 43{,}4°$

An der zweiten Stelle $x_{s;2}$ sind beide Steigungswinkel $\gamma_2 = \delta_2 = \tan^{-1}(-1) = -45°$. Somit ist der Schnittwinkel $\varphi_2 = 0°$. Oder anders ausgedrückt, die beiden Funktionen haben hier „nur" einen Berührpunkt und schneiden sich daher nicht. **Übrigens**: Wenn $f_1'(x_s) \cdot f_2'(x_s) = -1$, dann schneiden sich die Funktionen rechtwinklig (orthogonal).

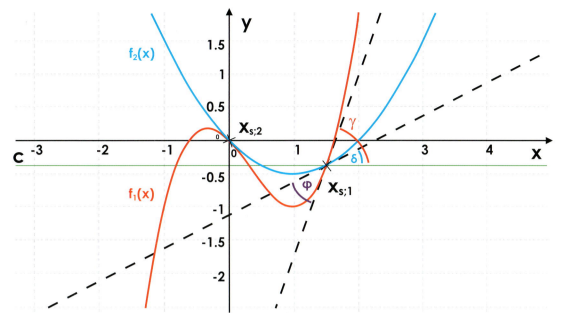

Bei Schnittwinkeln kommen viele vorherigen Kapitel zur Anwendung. Hier musst du dein Wissen über Ableitungen und Funktionen zeigen.

Übungen

1.

Berechne Schnittpunkte und Schnittwinkel der folgenden Funktionen:

 a) $f_1(x) = -0{,}5x + 4$ und $f_2(x) = 3$

 b) $f_1(x) = -4x$ und $f_2(x) = 0{,}25x - 7{,}5$

 c) $f_1(x) = -x^2 + 9$ und $f_2(x) = 3x + 2$

2.

Die Flugbahn eines Skispringers lässt sich annähernd mit der Funktionsgleichung $f(x) = -0{,}003x^2 + 50$ beschreiben. Der Landehang entspricht einer Geraden mit $g(x) = -0{,}35x + 50$. An welcher Stelle trifft der Skispringer auf den Hang? In welchem Winkel landet er?

3.

Gegeben ist die Parabelgleichung $f(x) = \frac{1}{4}x^2 - x + 2$. Bestimme eine Geradengleichung $g(x)$, die die Parabel an der Stelle $x_s = 1$ mit einem Winkel von 60° schneidet.

C — Diskussion von Funktionen — 1 Monotonie

Man bezeichnet eine Funktion oder ein Intervall I einer Funktion als
- **monoton wachsend**, wenn für alle x_i im Intervall I mit $x_1 < x_2$ gilt, dass $f(x_1) \leq f(x_2)$,
- **monoton fallend**, wenn für alle x_i im Intervall I mit $x_1 < x_2$ gilt, dass $f(x_1) \geq f(x_2)$.

Ohne Gleichheit, also bei „echt größer" und „echt kleiner", spricht man von strenger Monotonie.
Oder anders ausgedrückt:
- Ist jeder Funktionswert kleiner als der nachfolgende, ist die Funktion monoton wachsend.
- Ist jeder Funktionswert größer als der nachfolgende, ist die Funktion monoton fallend.

Man überprüft die Monotonie mit Hilfe der ersten Ableitung (Monotoniesatz). Gilt in dem Intervall für alle x
- $f'(x) > 0$, also stets positive Steigung, dann ist die Funktion streng monoton wachsend,
- $f'(x) < 0$, also stets negative Steigung, dann ist die Funktion streng monoton fallend.

Gegeben ist die Funktion $f(x) = -\frac{1}{3}x^3 + x^2$. Bestimme monoton wachsende und fallende Intervalle.

Mit dem Wissen aus vorherigen Klassen kannst du anhand der Funktionsgleichung bereits eine Aussage über das Grenzverhalten bzw. den Verlauf der Funktion treffen. Diese verläuft nämlich für $f(x \to -\infty) = +\infty$ und $f(x \to +\infty) = -\infty$. Somit handelt es sich tendenziell um eine fallende Funktion. Des Weiteren solltest du wissen, dass die Funktion zwei Extrempunkte haben kann.

Um zu überprüfen, in welchen Intervallen tatsächlich Zunahme und Abnahme vorliegt, wenden wir den Monotoniesatz an und bilden dafür zunächst die Ableitung:

$f'(x) = -x^2 + 2x$

Die Intervalle, in denen nur positive bzw. nur negative Steigungen vorliegen, ermittelt man durch Nullstellenbestimmung. Denn die Nullstellen (sofern keine Berührstellen) der Ableitung zeigen an, wo ein Vorzeichenwechsel der Steigung vorliegt, d.h. wo die Funktion von monotonem Fallen zu monotonem Wachsen wechselt und umgekehrt.

$0 = -x_0^2 + 2x_0$ | x_0 ausklammern
$0 = x_0(-x_0 + 2)$

Daraus ergeben sich als Lösungen die Nullstellen $x_{(0;1)} = 0$ und $x_{(0;2)} = 2$. Aus dem Grenzverhalten der Funktion können wir schließen, dass die Funktion auf den Intervallen $[-\infty\,;\,0]$ und $[2\,;+\infty]$ monoton fällt. Aufgrund des Vorzeichenwechsels der Steigung an den Nullstellen, kann für das Intervall $[0\,;\,2]$ auf monotones Wachstum geschlossen werden. Das Einsetzen eines beliebigen Wertes aus diesem Intervall, z.B. +1, in die Ableitung bestätigt dies zusätzlich:

$f'(1) = -1^2 + 2 \cdot 1 = 1$

Der Graph in der Abbildung veranschaulicht nochmal die vorangegangenen Überlegungen.

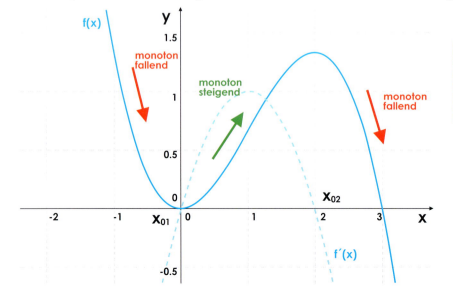

Mit der Monotonie einer Funktion kannst du wichtige Aussagen über ihren Verlauf machen. Umgekehrt kann man auch aus einer Funktionsgleichung Aussagen über monotone Intervalle treffen.

Übungen

1.

Markiere Bereiche mit monotoner Zu- bzw. Abnahme. Zeige in jedem Intervall beispielhaft das Monotoniekriterium.

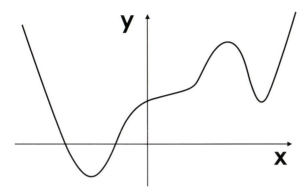

2.

Untersuche die Funktion $f(x) = \frac{1}{4}x^4 + \frac{4}{3}x^3 + \frac{1}{2}x^2 - 6x$ auf Monotonie mit Hilfe des Monotoniesatzes und skizziere ihren Verlauf, indem du die Funktionswerte an den Stellen des Steigungswechsels bestimmst. Achtung: Eine Extremstelle muss abgeschätzt werden. Führe anschließend eine Polynomdivision durch.

3.

Skizziere die folgenden Funktionen und bestimme jeweils Intervalle, in denen monotones Steigen bzw. Fallen vorliegt:

a) $f(x) = \cos(x)$
b) $f(x) = \sqrt{x}$
c) $f(x) = \frac{1}{x^2}$
d) $f(x) = \log(x)$
e) $f(x) = 0{,}5^x$

C Diskussion von Funktionen — 2 Lokale Extremwerte

Unter einem Extremwert versteht man den Funktionswert einer Funktion f(x), in dessen Umgebung alle zugeordneten Funktionswerte kleiner (lokales Maximum) bzw. größer (lokales Minimum) sind als er selbst.

Gleichzeitig gilt für jede sogenannte Extremstelle x_E notwendigerweise, dass $f'(x_E) = 0$ ist. Als hinreichende Bedingung für ein lokales Maximum muss außerdem $f''(x_E) < 0$ sein, für ein lokales Minimum gilt $f''(x_E) > 0$.

Man bezeichnet lokale Extrema auch als Hoch- bzw. Tiefpunkt. Die Extremstelle entspricht dabei der x-Koordinate, der Extremwert ist die y-Koordinate des Extrempunkts.

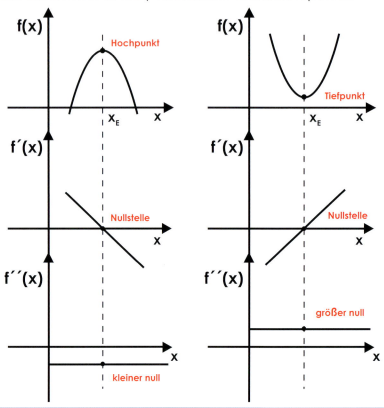

Untersuche die Funktion $f(x) = \frac{1}{3}x^3 - \frac{1}{2}x^2 - 6x$ auf Extremstellen. Handelt es sich um einen Hoch- oder Tiefpunkt? Gib die Koordinaten an.

Das notwendige Kriterium für eine Extremstelle ist wie oben beschrieben eine Nullstelle in der ersten Ableitung. Diese zeigt nämlich an, dass keine Steigung und somit eine horizontale Tangente an dem entsprechenden Extrempunkt vorliegt. Folglich bildet man im ersten Schritt die Ableitung:

$f'(x) = 3 \cdot \frac{1}{3}x^2 - 2 \cdot \frac{1}{2}x - 6 = x^2 - x - 6$

Die Nullstelle als notwendige Bedingung bestimmst du wie gewohnt durch Gleichsetzen der Ableitung mit Null:

$0 = x_E^2 - x_E - 6$

Das Freistellen erfolgt hier mit Hilfe der p-q-Formel:

$x_{E;1/2} = -\frac{-1}{2} \pm \sqrt{\frac{(-1)^2}{2^2} - (-6)} = \frac{1}{2} \pm \sqrt{\frac{1}{4} + 6} = \frac{1}{2} \pm \sqrt{\frac{25}{4}}$

$x_{E;1} = 3$ und $x_{E;2} = -2$

In der zweiten Ableitung überprüfen wir im Anschluss die Art der Extremstelle. Dazu bilden wir die Ableitung der Ableitung (also die zweite Ableitungsfunktion f''(x)):

$f''(x) = 2x - 1$

Das hinreichende Kriterium und die Art der Extremstelle lässt sich nun durch Einsetzen der Stellen $x_{(E;1)}$ und $x_{(E;2)}$ nachweisen:

$f''(x_{E;1}) = 2 \cdot 3 - 1 = 5 > 0$

$f''(x_{E;2}) = 2 \cdot (-2) - 1 = -5 < 0$

An der Stelle $x_{(E;1)}$ ist der Funktionswert der zweiten Ableitung größer als null, daher handelt es sich bei dieser Extremstelle um einen Tiefpunkt. Für die zweite Stelle gilt das Umgekehrte, weswegen bei $x_{(E;2)}$ ein Hochpunkt vorliegt.

Die Funktionswerte an den Extremstellen lassen sich bestimmen zu

$f(x_{E;1}) = \frac{1}{3}(3)^3 - \frac{1}{2}(3)^2 - 6 \cdot 3 = 9 - 4{,}5 - 18 = -13{,}5$

$f(x_{E;2}) = \frac{1}{3}(-2)^3 - \frac{1}{2}(-2)^2 - 6 \cdot (-2) = -\frac{8}{3} - 2 + 12 = 7\frac{1}{3}$

Die lokalen Extremwerte liegen minimal bei -13,5 und maximal bei $7\frac{1}{3}$. Die Koordinaten lauten:

$P_{(E;1)} = (3 \mid -13{,}5)$ und $P_{E;2} = (-2 \mid 7\frac{1}{3})$

> Extremstellen konntest du vielleicht schon berechnen, jedoch ist die zweite Ableitung zur weiteren Bestimmung der Extremstelle wichtig. Außerdem solltest du die Begriffe Extremstelle, Extremwert und Extrempunkt unterscheiden können.

Übungen

1.

Bestimme die lokalen Extremstellen der Funktionen

a) $f(x) = x^4 - x^2$

b) $f(x) = x^2 + \frac{1}{x}$

c) $f(x) = -\sin(x)$

2.

Die Funktion $f(x) = 0{,}2x^5 + 0{,}75x^4 - \frac{17}{3}x^3 - 19{,}5x^2 - 20x$ hat Extremstellen bei $x_E = \{-5, -1, +4\}$. Überprüfe dies und bestimme die Art der Extremstelle. Wie ist die Extremstelle bei $x_E = -1$ zu interpretieren? Skizziere anschließend die Funktion unter Angabe wichtiger Werte.

3.

Gegeben sei die Funktion $f(x) = -x^3 - x^2 + ax$. Welche Werte muss a annehmen, damit mehrere, eine oder keine Extremstelle vorliegen?

C — Diskussion von Funktionen — 3 — Wende- und Sattelpunkt

Eine Funktion ist linksgekrümmt (konvex), wenn die 1. Ableitung streng monoton steigend verläuft, also $f''(x) > 0$ gilt. Sie ist dann rechtsgekrümmt (konkav), wenn die 1. Ableitung streng monoton fällt, sich also $f''(x) < 0$ ergibt. Der Wendepunkt ist im Funktionsgraphen genau der Punkt, in dem die Krümmung wechselt. Zur Bestimmung einer Wendestelle x_w dient die 2. Ableitung als notwendiges und die 3. Ableitung als hinreichendes Kriterium:

$f''(x_w) = 0$ und $f'''(x_w) \neq 0$

Für einen Sattelpunkt muss zusätzlich gelten: $f'(x_w) = 0$

Bestimme Wende- und Sattelstellen der Funktion $f(x) = \frac{1}{4}x^4 - 1{,}5x^2 - 2x$

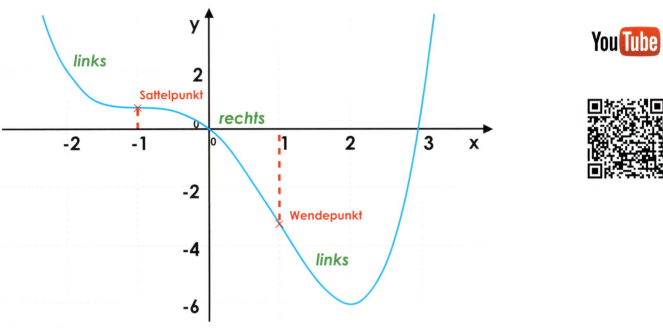

$f'(x) = x^3 - 3x - 2$
$f''(x) = 3x^2 - 3$
$f'''(x) = 6x$

Um die Wende- und Sattelstellen zu bestimmen, setzen wir die 2. Ableitung gleich null und bestimmen die Lösung.

$0 = 3x_w^2 - 3 \qquad |+3$
$3 = 3x_w^2 \qquad |+3$
$1 = x_w^2 \qquad |\pm\sqrt{}$
$x_{w;1/2} = \pm\sqrt{1} = \pm 1$

Folglich befindet sich eine Wendestelle bei $x_{w;1} = 1$ und die zweite bei $x_{w;2} = -1$.
Ob in beiden Fällen das hinreichende Kriterium ($f'''(x_w) \neq 0$) erfüllt wird, überprüfen wir durch Einsetzen der Werte in die 3. Ableitung:

$f'''(x_{w;1}) = 6 \cdot 1 = 6$ und $f'''(x_{w;2}) = 6 \cdot (-1) = -6$

Somit sind beide Stellen „echte" Wende- bzw. Sattelstellen. Die Differenzierung, ob Wende- oder Sattelstelle vorliegt, erfolgt durch Betrachtung der 1. Ableitung. Diese nimmt bei einer Wendestelle einen beliebigen Zahlenwert an, ein Sattelpunkt jedoch ist dadurch gekennzeichnet, dass die 1. Ableitung null wird. Der Sattelpunkt ist nämlich als Mischung aus Wende- und Extrempunkt zu verstehen. Die 1. Ableitung liefert hier folgende Werte:

$f'(x_{w;1}) = 1^3 - 3 \cdot 1 - 2 = -4 \qquad$ und $\qquad f'(x_{w;2}) = (-1)^3 - 3 \cdot (-1) - 2 = 0$

Die zweite Wendestelle ist demnach eine Sattelstelle.

Nun wollen wir aber auch wissen, welche konkreten Punkte $P_{w;1}(x_{w;1};f(x_{w;1}))$ und $P_{w;2}(x_{w;2};f(x_{w;2}))$ sich ergeben. Hierzu setzt du einfach die berechneten Stellen $x_{w;1}$ und $x_{w;2}$ in die Ausgangsfunktion ein und notierst dir die Funktionswerte, die sich daraus ergeben. Hier f(-1) = 0,75 und f(1) = -3,25, somit $P_{w;1}$(-1 ; 0,75) und $P_{w;2}$(1 ; -3,25).

Wodurch zeichnen sich die beiden Punkte noch aus? In der Grafik kann man sehen, dass die Krümmung der Funktion genau in diesen beiden Punkten wechselt. Daher spricht man allgemein von einer Wendestelle. Die Sattelstelle ist hierbei ein Sonderfall. Die Richtung der Krümmung kannst du ganz leicht bestimmen, indem du dir vorstellst, mit deinem Fahrrad die Kurve abzufahren. Wenn du den Lenker dabei gedanklich nach links richtest, ist sie linksgekrümmt. Bei der Rechtskrümmung umgekehrt. An der Wendestelle ist der Lenker gerade gerichtet.

> **Du solltest den Unterschied zwischen Wende- und Sattelpunkt nachvollziehen können. Ein Sattelpunkt ist ein spezieller Wendepunkt.**

Übungen

1.

Bestimme in dem Graphen die Intervalle mit konvexer und konkaver Krümmung. Bestimme außerdem Wende- und Sattelstellen.

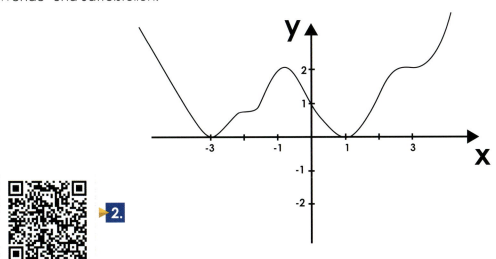

2.

Berechne Wende- und Sattelpunkte der Funktion $f(x) = \frac{1}{4}x^4 - \frac{2}{3}x^3 - 1$. Skizziere anschließend den Graphen von f(x) unter Berücksichtigung des Globalverlaufes sowie möglicher Extrempunkte und markiere die berechneten Stellen.

3.

Gegeben sei die Funktion $f(x) = x^4 + ax^3 + bx^2$. Welche Werte müssen die Parameter a und b annehmen, damit entweder zwei Wendepunkte vorliegen oder ein Wendepunkt und ein Sattelpunkt?

C — Diskussion von Funktionen — 4 Funktionsdiskussion

Bei einer Funktionsdiskussion (oder auch Kurvendiskussion genannt) geht es darum, aus einer gegebenen Funktionsgleichung Eigenschaften und markante Stellen zu bestimmen, um eine möglichst präzise Vorstellung des qualitativen Kurvenverlaufs zu erlangen. Hierbei kommen alle bisherigen Untersuchungen zusammen:

- Symmetrie- und Grenzverhalten
- Nullstellenbestimmung und Schnittpunkt mit der y-Achse
- Extrem-, Wende- und Sattelpunkte

Führe eine vollständige Funktionsdiskussion für $f(x) = x^3 - 3x^2 - 4x + 12$ durch und skizziere vorher sauber den Funktionsgraphen.

Zunächst stellen wir allgemein fest, dass es sich um eine <u>Potenzfunktion 3. Grades</u> handelt. Zu dieser Information sollten dir bereits einige wichtige Eigenschaften einfallen (z.B. bis zu drei Nullstellen, maximal zwei Extrempunkte, schlangenförmig, kommt aus einer anderen f(x)-Richtung als sie verschwindet).

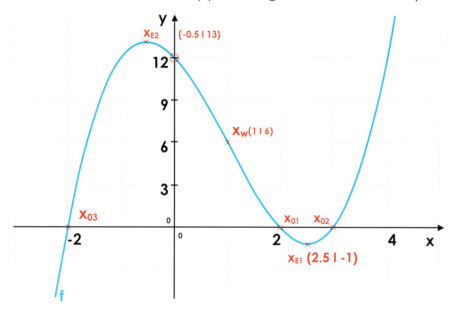

Grenzverhalten:
Von einer Funktion 3. Grades mit positivem Vorzeichen ist bekannt:

$f(x \to -\infty) = -\infty$ und $f(x \to +\infty) = +\infty$

Sie kommt also von links unten und geht nach rechts oben. Da sowohl ungerade Exponenten (x^3 und x) als auch gerade Exponenten (x^2) vorliegen, kann der Funktion keine Symmetrie zugeordnet werden.

Nullstellenbestimmung:
Die erste Nullstelle muss abgeschätzt werden. Für $x_{(0;1)} = 2$ liefert die Gleichung hier als Funktionswert $f(2) = 2^3 - 3 \cdot 2^2 - 4 \cdot 2 + 12 = 0$.
Mit dieser ersten Nullstelle muss eine Polynomdivision durchgeführt werden, die folgendes Ergebnis liefert: $(x_0^3 - 3x_0^2 - 4x_0 + 12) : (x - 2) = x_0^2 - x_0 - 6$

Mit der p-q-Formel bestimmst du die Nullstellen des Restterms:

$0 = x_0^2 - x_0 - 6 \qquad |\text{p- q- Formel}$

$x_{0;2/3} = -\dfrac{-1}{2} \pm \sqrt{\dfrac{(-1)^2}{2^2} + 6} = \dfrac{1}{2} \pm \sqrt{\dfrac{1}{4} + 6} = \dfrac{1}{2} \pm 2{,}5$

$x_{0;2} = 3$ und $x_{0;3} = -2$

Extrempunkte:

Hierfür müssen zuerst die 1. und 2. Ableitung gebildet werden:

$f'(x) = 3x^2 - 6x - 4$
$f''(x) = 6x - 6$

Die Nullstellen in der 1. Ableitung als notwendige Kriterien für Extremstellen lassen sich wie folgt bestimmen:

$0 = 3x_E^2 - 6x_E - 4 \qquad |:3$
$0 = x_E^2 - 2x_E - \frac{4}{3} \qquad |p-q-\text{Formel}$

$x_{E;1/2} = -\frac{-2}{2} \pm \sqrt{\frac{(-2)^2}{2^2} + \frac{4}{3}} = 1 \pm \sqrt{\frac{7}{3}} = 1 \pm 1{,}53$

$x_{E;1} = 2{,}53 \qquad$ und $\qquad x_{E;2} = -0{,}53$

Setzt man die berechneten Extremstellen in die zweite Ableitung ein, kann man die Art der Extremstelle überprüfen:

$f''(x_{E;1}) = 6 \cdot 2{,}53 - 6 = 9{,}18 > 0 \quad \rightarrow \quad$ Tiefpunkt
$f''(x_{E;2}) = 6 \cdot (-0{,}53) - 6 = -9{,}18 < 0 \quad \rightarrow \quad$ Hochpunkt

Zuletzt bestimmt man den Funktionswert von f an der Extremstelle, um die y-Koordinate des Extrempunkts angeben zu können.

$f(x_{E;1}) = (2{,}53)^3 - 3 \cdot (2{,}53)^2 - 4 \cdot 2{,}53 + 12 = -1{,}13$
$f(x_{E;2}) = (-0{,}53)^3 - 3 \cdot (-0{,}53)^2 - 4 \cdot (-0{,}53) + 12 = 13{,}13$

Wende- und Sattelpunkt:

Das notwendige Kriterium eines Wende- oder Sattelpunkts ist eine Nullstelle in der zweiten Ableitung. Dazu stellt man einfach nach x_w frei:

$f''(x) = 0 = 6x_w - 6$
$x_w = 1$

Die dritte Ableitung $f'''(x) = 6 \neq 0$ als hinreichendes Kriterium ist ebenfalls überall ungleich null. Auch hier berechnen wir die y-Koordinate des Wendepunkts:
$f(x_w) = 1^3 - 3 \cdot 1^2 - 4 \cdot 1 + 12 = 6$
Handelt es sich bei diesem Wendepunkt um einen Sattelpunkt? Nein, weil $f'(x_w) \neq 0$.

Bei der Funktionsdiskussion musst du dein gesamtes Wissen über Funktionen anwenden. Präge dir unbedingt die fünf zu untersuchenden Eigenschaften ein.

Übungen

1.
Untersuche die Funktion $f(x) = x^4 - 2x^2 - 1{,}25$ auf Extrem- und Wendepunkte sowie sämtliche sonstige Eigenschaften, um qualitativ den Funktionsverlauf zeichnen zu können.

2.
Skizziere einen Graphen für den gilt:
$f'(2) = 0 \,;\, f'(5) = 0 \,;\, f'(-4) = 0 \,;\, f''(-1) = 0 \,;\, f''(2) = 0 \,;\, f(0) = 1$
Es soll sich um eine Potenzfunktion handeln, deren höchster Exponent ungerade ist und einen positiven Koeffizienten hat.

3.
Gegeben sei die Funktion $f(x) = (x - 2)^3 (x + 1)^2 x$. Skizziere den zugehörigen Graphen. Begründe, wo du Extrem-, Wende- oder Nullstellen vermutest. Überprüfe mit der Graph-Funktion deines Taschenrechners.

C Diskussion von Funktionen — 5 Extremwertprobleme

Bei Extremwertaufgaben gilt es, einen Sachverhalt mathematisch zu formulieren und durch Funktionsuntersuchungen das Minimum oder Maximum einer gesuchten Größe zu finden.

Dafür stellt man zunächst Gleichungen auf, in denen die Bedingungen festgehalten werden. Dabei können auch mehrere Variablen vorliegen. Durch Umformen bestimmt man eine Zielfunktion, die auf Extremwerte untersucht wird.

Mit Hilfe einer 200 Meter langen Leine sollen drei Seiten eines rechteckigen, überwachten Schwimmbereichs an einem Strandabschnitt markiert werden. Die vierte Seite der Begrenzung ist das Strandufer. Welche Fläche kann maximal eingeschlossen werden?

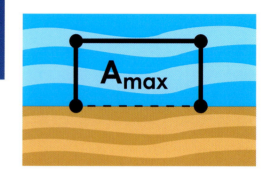

Um dir das Problem besser vor Augen zu führen, solltest du bei solchen Aufgaben zunächst immer eine Skizze erstellen, sofern diese nicht gegeben ist. In unserem Beispiel siehst du nochmal deutlich, dass die Länge der Leine L als Begrenzung nur durch die zwei kurzen Seiten a und eine lange Seite b zusammengesetzt wird. Aus dieser Information können wir bereits die erste Beziehung für das Problem aufstellen:

$L = 200 = 2a + b$

Wie bei jedem Rechteck gilt für den Flächeninhalt weiterhin:

$A = a \cdot b$

Du siehst vermutlich auch, dass wir nun zwei Gleichungen und zwei Variablen haben. Man braucht immer dieselbe Anzahl an Gleichungen wie man Unbekannte (Variablen) hat, um diese eindeutig lösen zu können. Man formt nun die Nebenbedingung (obere Gleichung) so um, dass eine Variable freigestellt wird, und setzt dies in die Hauptbedingung ein (Fläche), die es zu optimieren gilt.

Freistellen: $200 - 2a = b$
Einsetzen: $A = a \cdot (200 - 2a)$
Ausmultiplizieren: $A = 200a - 2a^2$

Nun haben wir eine Funktion für die Fläche A in Abhängigkeit der Seitenlänge a. Die Fläche ist genau dann maximal, wenn ein Hochpunkt vorliegt. Dafür bildest du die 1. Ableitung und suchst nach Nullstellen als notwendiges Kriterium für einen Extrempunkt.

$f(a) = 200a - 2a^2$ und $f'(a) = 200 - 4a$

$0 = 200 - 4a_E \rightarrow a_E = 50$

Die Lösung ist a = 50 m. Normalerweise überprüfen wir den Extrempunkt noch mit der zweiten Ableitung. Wer sich allerdings die Funktionsgleichung genauer anschaut, stellt fest, dass es sich um eine nach unten geöffnete Parabel handelt (Minus vor dem a^2), sodass nur ein Hochpunkt in Frage kommt.

Des Weiteren ist b = 100 m und für die maximale Fläche ergibt sich A = 5000 m².

Der Ablauf ist immer sehr ähnlich: Gleichungen aufstellen, umformen und Extrempunkte bestimmen. Wichtig ist jedoch, mit Hilfe einer Skizze das Problem richtig zu verstehen.

Übungen

1.

Gegeben ist eine nach unten geöffnete Parabel mit der Funktionsgleichung $f(x) = -0{,}5x^2 + 2$. In dem Bereich zwischen x-Achse und Parabel soll wie in der Abbildung ein gleichschenkliges Dreieck gebildet werden. Welche Koordinaten hat der Punkt B des größtmöglichen Dreiecks?

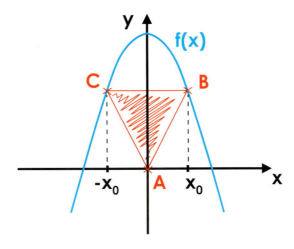

2.

Ein Konservenhersteller möchte zylinderförmige Dosen mit 500 ml Volumen bei minimaler Oberfläche herstellen, um Material zu sparen. Wie lautet das optimale Verhältnis von Radius zu Höhe der Dose? Gilt dieses Verhältnis auch für Dosen mit anderen Volumina?

3.

Zu welchem Punkt der Funktion $f(x) = x^2$ hat $P(0|4)$ den geringsten Abstand?

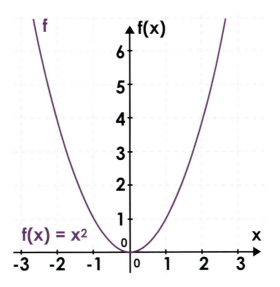

51

C Diskussion von Funktionen — 6 Funktionssynthese (Steckbriefaufgabe)

Bei der Funktionssynthese („Zusammensetzung") erstellt man aus bestimmten Vorgaben und Funktionseigenschaften selbst eine Funktionsgleichung.
Ein Polynom vom Grad n kann genau n+1 Bedingungen erfüllen. Jede Bedingung wird durch eine Gleichung formuliert, um daraus die Parameter eines Polynoms der Form

$f(x) = ax^n + bx^{n-1} + cx^{n-2} \ldots$

zu bestimmen. Je nach Bedingung müssen hierfür auch die erste und zweite Ableitung aus der Grundform gebildet werden.

Bestimme eine Funktion mit folgenden Eigenschaften:

- Y-Achse wird bei +3 geschnitten
- Steigung bei x = 0 soll +2 betragen
- Extrempunkt bei x = -1
- Nullstelle bei x = 4

Bis jetzt haben wir immer aus gegebenen Funktionsgleichungen die Null- und Extremstellen etc. bestimmt. Hier bestimmen wir nun selbst die Parameter eines Polynoms anhand der vorgegebenen Eigenschaften. Dafür musst du als Erstes die Bedingungen als mathematische Gleichungen formulieren:

$f(0) = 3 \qquad f'(0) = 2 \qquad f'(-1) = 0 \qquad f(4) = 0$

In unserem Fall liegen vier Bedingungen vor, sodass wir ein Polynom dritten Grades aufstellen können. Dazu bildet man am besten auch gleich die Ableitung.

$f(x) = ax^3 + bx^2 + cx + d$
$f'(x) = 3ax^2 + 2bx + c$

Setzen wir unsere vier Bedingungen von oben richtig ein, können wir die vier Parameter bestimmen.

$a \cdot 0^3 + b \cdot 0^2 + c \cdot 0 + d = 3$
$3a \cdot 0^2 + 2b \cdot 0 + c = 2$
$3a \cdot (-1)^2 + 2b \cdot (-1) + c = 0$
$a \cdot 4^3 + b \cdot 4^2 + c \cdot 4 + d = 0$

Aus den beiden oberen Gleichungen lassen sich unmittelbar die Parameter d und c ablesen, da sämtliche nicht konstanten Terme wegfallen. Somit sind d = 3 und c = 2 bestimmt und können im Weiteren eingesetzt werden:

$3a \cdot (-1)^2 + 2b \cdot (-1) + 2 = 0$
$a \cdot 4^3 + b \cdot 4^2 + 2 \cdot 4 + 3 = 0$

Was jetzt bleibt, ist ein einfaches Gleichungssystem aus zwei Gleichungen und den zwei Unbekannten a und b. Jetzt formst du beispielsweise die obere Gleichung um, stellst nach b frei und setzt das Ergebnis in die andere Gleichung ein.

$3a - 2b + 2 = 0 \quad | +2b \quad :2$
$1{,}5a + 1 = b$

In die vierte Bedingungsgleichung eingesetzt, ergibt sich:

$a \cdot 4^3 + (1{,}5a + 1) \cdot 4^2 + 2 \cdot 4 + 3 = 0$
$a \cdot 64 + (1{,}5a + 1) \cdot 16 + 8 + 3 = 0$
$64a + 24a + 16 + 11 = 0$
$88a = -27$
$a = -\dfrac{27}{88}$

Für b folgt daraus:

$b = 1{,}5 \cdot -\dfrac{27}{88} + 1 = -\dfrac{81}{176} + 1 \approx 0{,}54$

Das gesuchte Polynom lautet demnach:

$f(x) = -\dfrac{27}{88}x^3 + 0{,}54x^2 + 2x + 3$

Es ist nicht ungewöhnlich bei diesen Aufgaben, keine geraden Ergebnisse zu bekommen. Wie man auch größere Gleichungssysteme löst, wirst du später noch lernen.

Übungen

 **1.**

Erstelle eine Funktion, die folgende Bedingungen erfüllt:
Wendepunkt bei $x = 0$ mit einer Steigung von -3, Nullstelle bei -1, Extremstelle bei $0{,}5$. Betrachte dein Ergebnis mit der Graph-Funktion deines Taschenrechners.

 2.

Bestimme eine Funktion dritten Grades mit einer doppelten Nullstelle (lokaler Extrempunkt mit Berührung der x-Achse) bei $x = -2$ und einem Tiefpunkt bei $x = 1$. Erstelle zuvor eine Skizze. **Achtung**: Auch hinreichende Kriterien müssen berücksichtigt werden.

 3.

Begründe, ob sich aus den Vorgaben eine Funktion erstellen lässt:

a) Funktion 3. Grades mit Hochpunkt $H(1\,|\,4)$ und Tiefpunkt $T(-2\,|\,5)$
b) Funktion 2. Grades mit Nullstellen bei $x = 2$ und $x = 8$ und Hochpunkt bei $x = 5$
c) Funktion 4. Grades mit Sattelpunkt $S(0\,|\,4)$, Nullstelle bei $x = 2$ und Hochpunkt bei $x = 3$

D Folgen, Reihen und Grenzwerte — 1 Arithmetische Folgen

Ergibt sich in der Mathematik eine regelmäßige mathematische Zahlenfolge, bei der die Differenz zweier benachbarter Folgenglieder konstant ist, also auf jeden Wert a_{n-1} ein Wert a_n mit konstanter Differenz $d \neq 0$ folgt, so spricht man von einer arithmetischen Folge. Das bedeutet mathematisch simpel ausgedrückt, dass ein lineares Wachstum bzw. linearer Zerfall vorliegt, wie zum Beispiel bei 1, 3, 5, 7, 9, 11,… mit $a_0 = 1$ und $d = 2$.

Als Folge schreibt man: $a_n = a_0 + n \cdot d$ bzw. $a_n = a_1 + (n-1) \cdot d$

$a_4 = 7$ (da die 7 das vierte Glied in der Folge ist); $7 = 1 + 4 \cdot 2$

Bei jeder Folge muss ein Anfangswert a_0 vorliegen. Die geschriebene Form bezeichnet man als „explizite Form", da es mit ihr möglich ist, jeden Wert nach n Schritten direkt zu bestimmen.

Soll jeder Wert aus dem vorherigen Wert bestimmt werden, musst du die sogenannte „rekursive Form" verwenden.

$a_n = a_{n-1} + d$

Die Folge heißt arithmetisch, da jeder Wert das arithmetische Mittel der beiden anliegenden Werte ist.

$a_n = \dfrac{a_{n-1} + a_{n+1}}{2}$

Bestimme die ersten 10 Glieder einer arithmetischen Folge mit den beiden bekannten Werten $a_1 = 2$ und $a_5 = -23$. Erstelle dafür eine Wertetabelle und stelle die Folge anschließend graphisch dar.

Mit Hilfe von zwei bekannten Werten und der expliziten Form einer arithmetischen Folge kann die Folge genau bestimmt werden. Dafür werden die beiden bekannten Werte eingesetzt:

$a_1 = 2 = a_0 + 1 \cdot d \quad \Leftrightarrow \quad a_0 = 2 - d$

$a_5 = -23 = a_0 + 5 \cdot d \quad \Leftrightarrow \quad a_0 = -23 - 5d$

Dieses lineare Gleichungssystem kann nun gelöst werden.

$2 - 1 \cdot d = -23 - 5 \cdot d$

Daraus folgt nach Umstellen:

$d = -\dfrac{25}{4} = -6{,}25$ und $a_0 = \dfrac{33}{4} = 8{,}25$

n	0	1	2	3	4	5	6	7	8	9
a_n	8,25	2	−4,25	−10,5	−16,75	−23	−29,25	−35,5	−41,75	−48

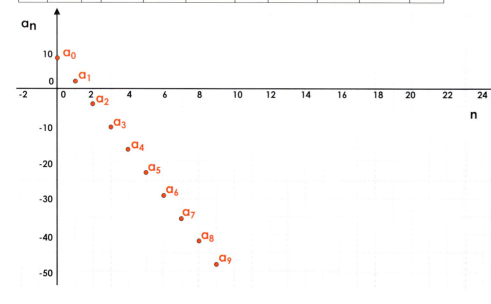

Die arithmetische Folge besitzt einen linearen Verlauf.

Mit Hilfe von 2 Werten einer Folge und der expliziten Form kannst du die Folge eindeutig bestimmen und so jeden einzelnen Wert berechnen.

Übungen

▶ 1.

Berechne die ersten 5 Glieder der arithmetischen Folgen:

a) $a_0 = 2{,}25$, $d = -0{,}75$ b) $a_0 = 1{,}75$, $d = 0{,}16$ c) $a_0 = \frac{9}{4}$, $d = -\frac{3}{7}$

▶ 2.

Bestimme je die arithmetische Folge:

a) $a_5 = 12$, $a_0 = -2$ b) $a_3 = -9$, $a_0 = 7$ c) $a_7 = 9{,}5$, $a_3 = 1{,}5$

▶ 3.

Am Wattenmeer hat die Ebbe besonders starken Einfluss auf die Entfernung der Wasserkante zum Strand. Zu Beginn der Ebbe ist das Wasser direkt am Strand. Pro Stunde nimmt die Entfernung um ca. 275 m zu. Das Wasser zieht sich ganze 6 Stunden zurück. Stelle den Sachverhalt als arithmetische Folge dar. Gib dabei sowohl die explizite als auch rekursive Form an und mache alle Glieder inklusive a_6 graphisch sichtbar.

D — Folgen, Reihen und Grenzwerte

2 Geometrische Folgen

Geometrische Folgen besitzen im Vergleich zur arithmetischen Folge keine konstante Differenz, sondern einen konstanten Quotienten $q \neq 0$. Somit gilt also für zwei benachbarte Folgenglieder, dass wenn man sie durcheinander teilt, sie den gleichen Quotienten aufweisen. Dabei handelt es sich entweder um ein exponentielles Wachstum (5, 15, 45, 135,…), gleichzeitiges Wachstum und Zerfall (1, -2, 4, -8,…) oder um die Annäherung an einen bestimmten Wert, z.B. Null $(1, -\frac{1}{2}, \frac{1}{4}, -\frac{1}{8}, ...)$. Die „explizite Form" einer geometrischen Folge lautet:

$$a_n = a_1 \cdot q^{n-1}$$

Die „rekursive Form" der geometrischen Folge ergibt sich zu:

$$a_n = q \cdot a_{n-1}$$

Bestimme die ersten 10 Glieder einer geometrischen Folge mit den beiden bekannten Werten $a_2 = 2$ und $a_6 = 32$. Erstelle dafür eine Wertetabelle. Im Anschluss soll die Folge graphisch dargestellt werden.

Mit Hilfe von zwei bekannten Werten und der expliziten Form einer geometrischen Folge, kann die Folge genau bestimmt werden. Dafür werden die beiden bekannten Werte eingesetzt:

$a_2 = 2 = a_1 \cdot q^{2-1}$ $\leftrightarrow$ $a_1 = \dfrac{2}{q}$

$a_6 = 32 = a_1 \cdot q^{6-1}$ $\leftrightarrow$ $a_1 = \dfrac{32}{q^5}$

Dieses lineare Gleichungssystem kann nun gelöst werden.

$\dfrac{2}{q} = \dfrac{32}{q^5}$ $\leftrightarrow$ $2q^4 = 32$ $\leftrightarrow$ $q^4 = 16$

Daraus folgt nach umstellen:

$q = \sqrt[4]{16} = 2$ und $a_1 = 1$

$a_n = 1, 2, 4, 8, …$ beginnend mit a_1

n	1	2	3	4	5	6	7	8	9	10
a_n	1	2	4	8	16	32	64	128	256	512

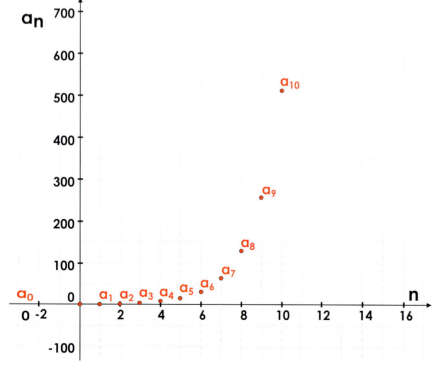

Die geometrische Folge besitzt einen exponentiellen Verlauf.

Sind der Quotient q und der Anfangswert a_1 bestimmt, so kann die Folge dargestellt werden. Geometrische Folgen wachsen entweder ins Unendliche oder haben einen sogenannten Grenzwert, je nachdem ob q positiv oder negativ, bzw. kleiner oder größer als Null ist.

Übungen

 1.

Berechne die ersten fünf Glieder der geometrischen Folgen:

a) $a_1 = 2$, $q = 0{,}75$ b) $a_1 = 10$, $q = 2$ c) $a_1 = 100$, $q = -3$ d) $a_1 = 5$, $q = -\frac{1}{2}$

 2.

Bestimme je die geometrische Folge:

a) $a_6 = -24300$, $a_1 = 100$ b) $a_4 = -0{,}1875$, $a_1 = 12$ c) $a_7 = 6144$, $a_3 = 24$

 3.

Ein bestimmter Sparvertrag einer Bank bietet pro Jahr 2,5 % Zinsen. Ein Kunde mit einem Startkapital von 27.000 € möchte diesen Vertrag für zehn Jahre abschließen. Stelle den Sachverhalt als geometrische Folge auf. Gib dabei sowohl die explizite als auch die rekursive Folge an. Bestimme dann alle Glieder inklusive a_{10} und stelle diese graphisch dar.

 4.

Wenn Licht durch Glas scheint, geht dabei Lichtintensität verloren. In einem Haus fällt das Licht durch 4 Fenster, bis es in der Küche ankommt. Dort herrscht eine Lichtintensität von ≈ 74,805 %. Welchen Prozentanteil Lichtintensität geht beim Durchdringen einer Glasscheibe verloren? Stelle auch die Folge auf.

 5.

Erkläre den Unterschied zwischen einer arithmetischen und einer geometrischen Folge grafisch.

D | Folgen, Reihen und Grenzwerte — 3 Arithmetische Reihen

Zahlenfolgen, bei denen sich zwischen den benachbarten Folgegliedern gleiche Differenzen ergeben, nennt man arithmetische Folge: $a_n = a_1 + (n - 1) \cdot d$

Die Folgeglieder 2, 4, 6, 8, 10,… bilden eine solche arithmetische Folge mit der konstanten Differenz $d = 2$. Bildet man nun die Summe der Glieder einer Folge, spricht man von einer Reihe s_n.

$s_n = a_1 + a_2 + … + a_n$ In dem obigen Beispiel wäre also $s_4 = 2 + 4 + 6 + 8 = 20$.
Weil es bei einem großen n schwierig ist, alle Folgeglieder einzeln zu summieren, gibt es für arithmetische Reihen folgende Formel: $s_n = \dfrac{n}{2}[2 \cdot a_1 + (n - 1) \cdot d]$

Summiere alle natürlichen Zahlen bis 500.

Das wäre eine sehr schwierige und langwierige Aufgabe, wenn man alle Folgeglieder 1, 2, 3, 4, …, 500 einzeln addieren würde.
Mit $n = 500$, $a_1 = 1$ und $d = 1$ sowie unserer Formel $s_n = \dfrac{n}{2}[2 \cdot a_1 + (n - 1) \cdot d]$ ergibt sich:

$s_{500} = \dfrac{500}{2} [2 \cdot 1 + (500 - 1) \cdot 1] = 125250$

Dem jungen Carl Friedrich Gauß soll angeblich diese logische Formel während einer Strafarbeit in der Schule eingefallen sein. Er sollte die Zahlen von 1 bis 100 addieren. Er hat einfach 49 mal die jeweils äußeren Zahlen zur 100 zusammengefasst und addiert: 1 + 99 + 2 + 98 + 3 + 97 + … + 49 + 51 = 4900. Die fehlenden Zahlen 100 und 50 kommen nun noch dazu, also insgesamt 5050. Genial, denn genau das ist die Formel vom Beispiel, nur allgemein ausgedrückt!

Übungen

1.
Auf dem Jahrmarkt gibt es ein großes Dosenwerfen. In der untersten Reihe stehen 44 Dosen und nach oben hin, werden es je Reihe immer 2 Dosen weniger. Wie viele Reihen können übereinandergestapelt werden und wie viele Dosen wurden insgesamt verbaut?

2.
Wie groß ist die Summe aller natürlichen ungeraden Zahlen zwischen 50 und 250?

3.
Ein Fallschirmspringer fällt in einer Sekunde 15 Meter, in jeder weiteren Sekunde fällt er 3 Meter mehr. Spätestens 500 Meter vor dem Boden muss er seinen Fallschirm aufmachen. Aus welcher Höhe muss der Springer mindestens das Flugzeug verlassen, wenn er eine Minute freien Fall haben möchte?

D — Folgen, Reihen und Grenzwerte

4 Geometrische Reihen

Die Summe s_n der Folgenglieder einer endlichen geometrischen Folge $a_n = a_1 \cdot q^{n-1}$ heißt geometrische Reihe.

Dabei ergibt sich s_n durch folgende Formel: $s_n = a_1 \cdot \dfrac{q^n - 1}{q - 1}$ mit $q \neq 1$

Bestimme die Summe der ersten 30 Glieder der Folge $a_n = 1, 2, 4, 8, 16, \ldots$!

Als erstes gilt es festzustellen, ob es sich um eine geometrische Folge handelt. Das ist hier der Fall, mit $a_1 = 1$; $q = 2$; $n = 30$

Die Summe der ersten 30 Folgenglieder lässt sich nun mit der Formel berechnen:

$s_n = a_1 \cdot \dfrac{q^n - 1}{q - 1} = s_{30} = 1 \cdot \dfrac{2^{30} - 1}{2 - 1} = 2^{30} - 1 = 1.073.741.823$

Die Formel ist einfach anzuwenden und man spart sich sehr viel Rechenarbeit.

Übungen

 1.

Welches Glied der geometrischen Reihe mit $a_1 = 4$; $q = 5$ hat den Wert $s_n = 3124$?

2.

In der Schule wird viel geredet, gelästert und Gerüchte verbreitet. Ein Gerücht wird innerhalb von einer Stunde an 4 Personen weitergetragen. Eine Schülerin macht sich einen Spaß und erzählt innerhalb der ersten Stunde 3 Personen, dass eine Lehrerin und ein Lehrer eine heimliche Affäre haben. Wie viele Personen haben nach 10 Stunden davon gehört?

 3.

Erkläre den Unterschied zwischen Folgen und Reihen.

4.

Was ist das Ergebnis dieser geometrischen Reihe für $n \to \infty$?

$\dfrac{1}{2} + \dfrac{1}{4} + \dfrac{1}{8} + \dfrac{1}{16} + \dfrac{1}{32} + \dfrac{1}{64} + \ldots$ (jeweils $\cdot \tfrac{1}{2}$)

D Folgen, Reihen und Grenzwerte — 5 Eigenschaften von Folgen

Folgen lassen sich durch verschiedene Eigenschaften unterscheiden. Bei Folgen kann es sein, dass die Anzahl n mit einer Potenz m versehen ist. Wie bei ganzrationalen Funktionen entscheidet der höchste Exponent m über das Verhalten. Entscheidende Eigenschaften von Folgen sind Monotonie und Beschränktheit.

<u>Monotonie</u>: Monotonie bedeutet, dass die Werte der Folge entweder immer größer oder immer kleiner werden. Man spricht dann von „monoton steigend" bzw. „monoton fallend". Mathematisch ausgedrückt:

Monoton steigend: $\quad a_n \geq a_{n-1}$

Monoton fallend: $\quad a_n \leq a_{n-1}$

<u>Beschränktheit</u>: Eine Folge ist beschränkt, wenn sich die Folge für große n einer „oberen Schranke S bzw. unteren Schranke s" annähert.

Nach oben beschränkt: $\quad a_n \leq S$

Nach unten beschränkt: $\quad a_n \geq s$

Ist die Folge sowohl nach oben, als auch nach unten beschränkt, so spricht man von einer beschränkten Folge.

Gegeben sind die arithmetische Folge $a_n = 5 + n \cdot 2$ und die geometrische Folge $a_n = 5 \cdot 2^n$. Beschreibe die Eigenschaften der beiden Folgen. Untersuche sie dafür im Bereich von n = 0 bis n = 5.

Zur Untersuchung der beiden Folgen kann zunächst jeweils eine Wertetabelle erstellt werden.

<u>Arithmetische Folge</u>:

n	0	1	2	3	4	5
a_n	5	7	9	11	13	15

Sofort fällt auf, dass die Werte immer größer werden. Eine arithmetische Folge hat einen linearen Verlauf, daher ist dies nicht nur in dem untersuchten Intervall der Fall, sondern auch im globalen Verlauf. Mathematisch gilt also:

$a_n > a_{n-1}$

Trifft dieses Kriterium zu, so handelt es sich um eine monoton steigende Folge. Da die Werte mit einem konstanten Summanden größer werden, liegt auch keine obere Schranke vor.

<u>Geometrische Folge</u>:

n	0	1	2	3	4	5
a_n	5	10	20	40	80	160

Auch bei der geometrischen Folge werden die Werte stets größer. Auch hier gilt:

$a_n > a_{n-1}$

Bei einer geometrischen Folge existiert ein exponentieller Verlauf. Damit werden die Folgeglieder ins Unendliche steigen und besitzen keine obere Schranke.

> **Eine Funktion ist monoton steigend, wenn jedes Folgeglied größer ist als sein Vorgänger. Das bedeutet allerdings nicht, dass die Folge nicht beschränkt sein kann!**

Übungen

1.

Untersuche die verschiedenen Folgen auf Monotonie und Beschränktheit. Bestimme dafür jeweils die ersten fünf Glieder. Falls möglich, gib eine obere bzw. untere Schranke an

a) $a_n = \dfrac{1}{n}$ 	b) $a_n = \dfrac{2n^2+1}{4n}$ 	c) $a_n = \dfrac{2+\frac{1}{n}}{n^2}$

2.

Bestimme die Differenz $a_{n+1} - a_n$ der Folge $a_n = \dfrac{2n+3}{n}$ und gib mit dieser Kenntnis an, ob die Folge monoton steigend bzw. fallend ist. Erläutere die getroffene Entscheidung.

3.

Untersuche die Eigenschaften der Folge

$a_n = \dfrac{2-(-1)^n}{2n}$.

Gib, wenn möglich, eine obere bzw. untere Schranke an.

D Folgen, Reihen und Grenzwerte — 6 Grenzwerte von Folgen

Beschränkte Folgen können einen sogenannten Grenzwert besitzen, den sie für einen unendlich großen Wert n maximal bzw. minimal erreichen. Zum Beispiel liegt bei einem asymptotischen Verlauf einer Folge ein bestimmter Grenzwert vor.

Um zum Beispiel den Grenzwert g einer nach oben beschränkten Folge zu bestimmen, muss die obere Schranke S soweit herabgesetzt werden, bis die Definition gerade noch eingehalten wird. Mathematisch kann dies mit Hilfe der Limes-Operation durchgeführt werden.

$g = \lim_{n \to \infty} a_n$ („g = Limes von a_n für n gegen unendlich")

Folgen die einen Grenzwert besitzen nennt man <u>konvergent</u>, Folgen die keinen Grenzwert besitzen hingegen <u>divergent</u>.

Ist der Grenzwert g = 0, so spricht man von einer Nullfolge.

Überprüfe die Folge $a_n = \dfrac{2n + 3}{n + 1}$ auf Konvergenz und bestimme, wenn möglich, den Grenzwert der Folge.

Wie bei jeder Folge hilft es, sich zunächst einmal den groben Verlauf anzuschauen. Dabei zeichnet sich meist schon eine Tendenz ab, wie sich die Folge für unendlich große Werte n verhalten wird.

n	0	1	2	3	4	5
a_n	3	2,5	$2,\overline{3}$	2,25	2,2	$2,1\overline{6}$

Mit Hilfe dieser Wertetabelle zeichnet sich bereits ab, dass sich die Folge einem bestimmten Wert nähert. Die Differenz zwischen einem jeweiligen Schritt wird immer kleiner. Diese Folge wird also vermutlich konvergent sein. Am besten stellt man die Folge zusätzlich noch einmal graphisch dar.

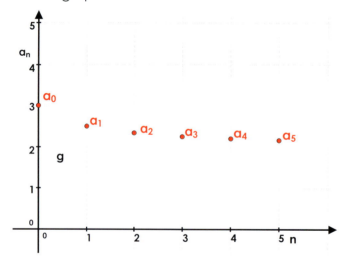

An diesem Punkt bietet es sich an, einen Grenzwert zu schätzen. In diesem Fall sieht es so aus, als ob sich die Folge der Zahl 2 annähert. Um diesen Schätzwert zu prüfen kann ein beliebig hoher Wert n eingesetzt werden.

$n = 100 \to a_{100} = \dfrac{2 \cdot 100 + 3}{100 + 1} = \dfrac{203}{101} = \overline{2{,}0099}$

Da dieser Wert immer noch über dem geschätzten Grenzwert liegt, kann ein weiterer Wert überprüft werden.

$n = 1000 \to a_{1000} = \dfrac{2 \cdot 1000 + 3}{1000 + 1} = \dfrac{2003}{1001} = 2,\overline{000999}$

Es sieht also weiterhin danach aus, als ob die Folge gegen den Grenzwert 2 konvergiert.

Den Grenzwert dieser Folge kann man mit Hilfe des Limes berechnen. Man lässt dafür n gegen Unendlich laufen. Konstante Terme fallen dabei weg.

$$g = \lim_{n \to \infty} \frac{2n + 3}{n + 1} = \frac{2\infty + 3}{\infty + 1} = \frac{2\infty}{\infty}$$

Jetzt kann man die Unendlich-Zeichen kürzen. Da sie in diesem Beispiel die gleiche Potenz besitzen fallen beide weg. Damit bleibt der Grenzwert g = 2.

Es ist immer hilfreich sich zunächst einen Überblick über die Folge zu verschaffen, indem man ein paar Werte einsetzt und eine Vermutung durch Einsetzen großer Werte bestätigt. Die exakten Grenzwerte lassen sich mit dem Limes-Operator berechnen.

Übungen

1.

Gib, wenn möglich, den Grenzwert der Folge an.

a) $a_n = \frac{1}{n}$ b) $a_n = \frac{3n^2}{4}$ c) $a_n = \frac{3n}{2n+1}$

2.

Überprüfe, bei welchen Folgen es sich um Nullfolgen handelt.

a) $a_n = \frac{1}{n^2 - 245}$ b) $a_n = \frac{n^2 - n}{6n}$ c) $a_n = \sqrt{n^2 - n}$

3.

Erstelle eine Nullfolge, die die beiden Werte $a_1 = 2$ und $a_6 = \frac{1}{18}$ enthält.

D Folgen, Reihen und Grenzwerte — 7 Grenzwerte von Reihen

Ähnlich wie bei Folgen, können Reihen bestimmte Grenzwerte besitzen, wenn n gegen Unendlich verläuft. Um dies zu überprüfen, muss vorher die Konvergenz der Reihe untersucht werden.

Dabei liegt hier der Fokus auf geometrischen Reihen. Das Konvergenzkriterium für geometrische Reihen lautet:

Die Geometrische Reihe $s_n = a_1 \cdot \frac{q^n - 1}{q - 1}$ konvergiert, wenn $|q| < 1$.

Den Grenzwert S dieser Reihe bestimmt man mit Hilfe der Formel:

$S = a_1 \cdot \frac{1}{1 - q}$

Ist eine Reihe in der Summenschreibweise gegeben, so kann diese mit folgender Beziehung umgeschrieben werden:

$\sum_{n=1}^{\infty} a_0 \cdot q^n \rightarrow s_n = a_n \cdot \frac{q^n - 1}{q - 1}$ mit $a_1 = a_0 \cdot q^1$

Überprüfe die Reihe $\sum_{n=1}^{\infty} \frac{15}{8} \cdot \left(\frac{1}{3}\right)^n$ auf Konvergenz und bestimme, wenn möglich, den Grenzwert der Reihe.

Als Erstes überprüfst du das Konvergenzkriterium, denn nur wenn die Reihe konvergiert, liegt ein endlicher Grenzwert S vor.

Die Geometrische Reihe $s_n = a_1 \cdot \frac{q^n - 1}{q - 1}$ konvergiert, wenn $|q| < 1$.
Dafür wandeln wir die gegebene Reihe erst einmal um.

$\sum_{n=1}^{\infty} \frac{15}{8} \cdot \left(\frac{1}{3}\right)^n \rightarrow s_n = a_1 \cdot \frac{\frac{1}{3}^n - 1}{\frac{1}{3} - 1}$ mit $a_1 = \frac{15}{8} \cdot \frac{1}{3} = \frac{5}{8}$

In unserem Fall ist $q = \frac{1}{3} < 1$, daher ist die Reihe konvergent.

Der Grenzwert S kann dann mit der Formel $S = a_1 \cdot \frac{1}{1 - q}$ bestimmt werden.

$S = \frac{5}{8} \cdot \frac{1}{1 - \frac{1}{3}} = \frac{5}{8} \cdot \frac{1}{\frac{2}{3}} = \frac{5}{8} \cdot \frac{3}{2} = \frac{15}{16}$

Die Reihe konvergiert also für $n \rightarrow \infty$ gegen $S = \frac{15}{16}$

Übungen

Ist eine Reihe in der Summenform geschrieben, so solltest du sie erst umformen, damit du a_0 und a_1 nicht verwechselst. Danach musst du nur noch in die Formel einsetzen.

1.

Gib, wenn möglich, den Grenzwert der Reihe an.

a) $s_n = 5 \cdot \frac{2^n - 1}{2 - 1}$ b) $s_n = \frac{7}{8} \cdot \frac{0{,}75^n - 1}{0{,}75 - 1}$ c) $\sum_{n=1}^{\infty} 4 \cdot \frac{4^n}{7}$ d) $\sum_{n=1}^{\infty} 27 \cdot \frac{9^n}{8}$

2.

Erstelle eine geometrische Reihe, die den Grenzwert 2 besitzt. Dabei soll $a_0 = 0{,}5$ betragen.

3.

Für Reihen existieren weitere Konvergenzkriterien, mit denen ein Grenzwert bestimmt werden kann.
Untersuche die folgende Reihe mit Hilfe des Quotientenkriteriums auf Konvergenz: $\sum_{n=1}^{\infty} \frac{1}{n \cdot 2^n}$

Notizen

D — Folgen, Reihen und Grenzwerte — 8 Grenzwertsätze

Um den Grenzwert einer konvergenten Folge a_n zu bestimmen, muss der Limes angewandt werden. Dafür setzt man für n einen unendlich großen Wert ein und bestimmt den Grenzwert g. Bei Grenzwertbestimmungen muss immer die höchste Potenz betrachtet werden, da diese ausschlaggebend ist. Setzt sich eine Folge aus zwei konvergenten Folgen a_n und b_n zusammen, so können folgende Grenzwertsätze angewandt werden:

$$\lim_{n\to\infty}(a_n \pm b_n) = \lim_{n\to\infty} a_n \pm \lim_{n\to\infty} b_n = g_a \pm g_b$$

$$\lim_{n\to\infty}(a_n \cdot b_n) = \lim_{n\to\infty} a_n \cdot \lim_{n\to\infty} b_n = g_a \cdot g_b$$

$$\lim_{n\to\infty}\left(\frac{a_n}{b_n}\right) = \frac{\lim_{n\to\infty} a_n}{\lim_{n\to\infty} b_n} = \frac{g_a}{g_b}$$

Dabei sind g_a und g_b die Grenzwerte der Folgen a_n und b_n.

Bestimme mit Hilfe der Grenzwertsätze den Grenzwert der Folge
$$f_n = \frac{5n^2 - 5}{2n^2 + n}$$

Der erste Schritt, um den Grenzwert einer solchen Folge zu bestimmen, ist das Teilen durch den höchsten auftretenden Exponenten. In diesem Fall n^2.

$$f_n = \frac{5n^2 - 5}{2n^2 + n} = \frac{5 - \frac{5}{n^2}}{2 + \frac{1}{n}}$$

Im Anschluss können die Grenzwertsätze angewandt werden.
Mit den beiden Grenzwertsätzen

$$\lim_{n\to\infty}(a_n \pm b_n) = \lim_{n\to\infty} a_n + \lim_{n\to\infty} b_n$$

und

$$\lim_{n\to\infty}\left(\frac{a_n}{b_n}\right) = \frac{\lim_{n\to\infty} a_n}{\lim_{n\to\infty} b_n}$$

ergibt sich der Grenzwert der gegebenen Folge zu:

$$\lim_{n\to\infty}(f_n) = \frac{\lim_{n\to\infty} 5 - \lim_{n\to\infty} \frac{5}{n^2}}{\lim_{n\to\infty} 2 + \lim_{n\to\infty} \frac{1}{n}}$$

Nun kann jeder Grenzwert einzeln bestimmt werden:

$\lim_{n\to\infty} 5 = 5 \qquad \lim_{n\to\infty} \frac{5}{n^2} = \frac{5}{\infty^2} = 0$

$\lim_{n\to\infty} 2 = 2 \qquad \lim_{n\to\infty} \frac{1}{n} = \frac{1}{\infty} = 0$

Diese können dann in die gegebene Folge eingesetzt werden, um den Grenzwert zu bestimmen:

$$\lim_{n\to\infty}(f_n) = \frac{5 - 0}{2 + 0} = \frac{5}{2} = 2{,}5$$

Der Grenzwert von komplizierten Folgen kann immer mit Hilfe dieser Schritte ermittelt werden.

Übungen

1.

Berechne die Grenzwerte der Folgen. Zerlege sie dafür in konstante Terme und Nullfolgen:

a) $a_n = \dfrac{4+n}{8n}$
b) $a_n = \dfrac{8+\sqrt{n}}{\frac{1}{4}\sqrt{n}}$
c) $a_n = \dfrac{\frac{1}{n}+2n}{\frac{6}{n}}$

2.

Bestimme die Grenzwerte mit Hilfe der Grenzwertsätze:

a) $a_n = \dfrac{2+n}{3n+n^2}$
b) $a_n = \dfrac{(3+2n)^2}{(3+n)^2}$
c) $a_n = \dfrac{5n^2}{8n^4-3n^2}$

3.

Forme um und berechne dann den Grenzwert:

a) $\lim_{n\to\infty}(\sqrt{n+2}-2\sqrt{n})$
b) $\lim_{n\to\infty}\left(n\cdot\dfrac{(n+2)^2}{n^3-5}\right)$

D Folgen, Reihen und Grenzwerte Grenzwerte bei Funktionen für bestimmte X-Werte

Bei gebrochen rationalen Funktionen f(x) ist es für den Verlauf sinnvoll, sich nicht nur die Grenzwerte für unendlich große x-Werte anzuschauen, sondern ebenfalls an den Polstellen. Dies erfolgt, indem man sich den Polstellen von beiden Seiten annähert, um so den Verlauf zu bestimmen. Eine konkrete Annäherung führt man wiederum mit dem Limes-Operator gegen die zu untersuchende Stelle x_0 durch.

$g = \lim_{n \to x_0} f(x)$

Untersuche den Verlauf der Funktion $f(x) = \dfrac{x^2 - 4}{(x+3)(x-2)}$. Bilde dafür sowohl die Grenzwerte im Unendlichen, als auch an den beiden Polstellen. Mache die Funktion im Anschluss qualitativ als Skizze sichtbar.

Zunächst können wir die Grenzwerte der Funktion für ±∞ bestimmen. Dafür werden wieder die üblichen Schritte abgearbeitet. Davor sollten jedoch Klammern ausmultipliziert werden.

$f(x) = \dfrac{x^2 - 4}{(x+3)(x-2)} = \dfrac{x^2 - 4}{x^2 + x - 6}$

Nun wird durch die höchste Potenz geteilt, hier x^2.

$\lim_{x \to +\infty} \dfrac{x^2 - 4}{x^2 + x - 6} = \lim_{x \to +\infty} \dfrac{1 - \dfrac{4}{x^2}}{1 + \dfrac{1}{x} - \dfrac{6}{x^2}}$

Mit den Grenzwertsätzen und den einzelnen Grenzwerten ergibt sich:

$\lim_{x \to +\infty} \dfrac{1 - \dfrac{4}{x^2}}{1 + \dfrac{1}{x} - \dfrac{6}{x^2}} = \dfrac{1 - 0}{1 + 0 - 0} = 1$

$\lim_{x \to -\infty} \dfrac{1 - \dfrac{4}{x^2}}{1 + \dfrac{1}{x} - \dfrac{6}{x^2}} = \dfrac{1 - 0}{1 + 0 - 0} = 1$

Global verläuft die Funktion für ±∞ also gegen 1.
Um den Verlauf beschreiben zu können, müssen die beiden Polstellen untersucht werden. Diese lassen sich direkt ablesen, sie liegen bei $x_{0;1} = -3$ und $x_{0;2} = 2$.

$\lim_{x \to -3} \dfrac{1 - \dfrac{4}{9}}{1 - \dfrac{1}{3} - \dfrac{6}{9}} = \dfrac{\frac{5}{9}}{0} = \infty$ $\qquad$ $\lim_{x \to 2} \dfrac{1 - \dfrac{4}{4}}{1 + \dfrac{1}{2} - \dfrac{6}{4}} = \dfrac{0}{0} = ?$

Bei der Polstelle $x_{0;1} = -3$ ist eindeutig, dass sich die Werte im Unendlichen befinden. Jedoch sollte bei Polstellen immer überprüft werden, ob ein Vorzeichenwechsel vorliegt.

x	x = −2,9	$x_{0;1}$ = −3	x = −3,1
f(x)	f(x) = −9	f(x) = ±∞	f(x) = 11

An dieser Polstelle findet ein Vorzeichenwechsel statt. Links von der Polstelle liegen positive Werte vor, rechts davon negative.

x	x = 1,9	$x_{0;1}$ = 2	x = 2,1
f(x)	f(x) ≈ 0,8	f(x) = n.D.	f(x) = 0,804

An dieser Stelle sieht es nicht so aus, als ob die Werte ins Unendliche steigen. Das würde bedeuten, dass die Polstelle in dieser Form nicht existiert. Um das zu beweisen, muss die Funktionsgleichung erneut betrachtet werden.

$$f(x) = \frac{x^2 - 4}{(x+3)(x-2)}$$

Bestimmung der Nullstellen zeigt: $x_1 = 2 \qquad x_2 = -2$

Bestimmung der Polstellen zeigt: $x_{0;1} = -3 \qquad x_{0;2} = 2$

An der Stelle $x = 2$ treten sowohl Nullstelle als auch Polstelle auf. Diese heben sich gegenseitig auf. Der Zähler der Funktion kann mit einer binomischen Formel umgestellt werden.

$$f(x) = \frac{x^2 - 4}{(x+3)(x-2)} = \frac{(x-2)(x+2)}{(x+3)(x-2)} = \frac{x+2}{x+3}$$

Eine weitere Möglichkeit, den Grenzwert für $x_{0;2} = 2$ zu bestimmen, ist die Regel von l'Hospital. Bekommt man beim Einsetzten von x_0 in die Funktion $f(x) = \frac{g(x)}{h(x)}$ einen unbestimmten Ausdruck $\frac{0}{0}$ oder $\frac{\infty}{\infty}$ heraus, so kann man nach l'Hospital mit $\lim_{x \to x_0} \frac{g'(x)}{h'(x)} = g$ den Grenzwert g berechnen.

Mit den bekannten Informationen lässt sich dann eine Skizze anfertigen.

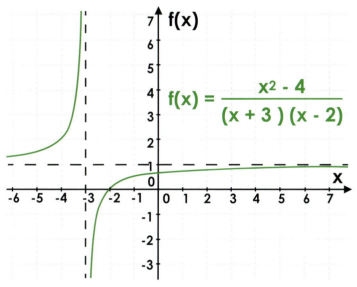

Bei bestimmten Stellen einer Funktion ist es wichtig, sich Werte in der Umgebung anzuschauen. Fallen eine Nullstelle und Polstelle zusammen, so heben sich diese auf. Durch geschicktes Hinsehen bei der Funktionsvorschrift, kann dies bereits im Voraus erkannt werden.

Übungen

Bilde die Grenzwerte an den Polstellen und untersuche das Verhalten der Funktion. Erstelle dabei für jede Polstelle eine Tabelle, um Vorzeichenwechsel zu prüfen.

a) $f(x) = \frac{x+3}{(x-3)(x-5)}$ \qquad b) $f(x) = \frac{x}{x^2+2x}$ \qquad c) $f(x) = \frac{x^2-9}{(x-3)(x+7)}$

Erstelle die Funktionsvorschrift einer Funktion, die bei $x = -2$ eine Nullstelle, $x = 5$ eine Polstelle mit Vorzeichenwechsel und bei $x = 7$ eine Polstelle ohne Vorzeichenwechsel besitzt.